수학의 숨은 원리

수학, 언제까지 암기할 것인가?

수학, 언제까지 암기할 것인가?

수학의 숨은 원리

김권현 곽문영 이창석

숨은원리

추천의 글

유성현(의사)
수학의 기초를 다지기 위해 꼭 읽어야 할 책이다.

장우건(변호사, 한국기독교화해중재원 부원장)
법리의 전개는 논리적인 사고를 바탕으로 한다. 수학의 논리체계는 법학 공부를 잘하기 위한 소양이다. 우리의 학교 수학 수업은 공식을 외우고 기계적으로 문제를 푸는 것이었다. 하지만 꼭 그래야만 했을까?

김상철(전 국민선물주식회사 부사장)
선물, 옵션 등 금융공학을 이해하기 위해서는 수학적 사고가 필요하다. 수학에 대한 이해는 단기간에 도달할 수 없는 것이 현실이다. 이 책에는 숨겨진 수학의 속살이 있다. '아하, 그렇구나!'

최창만(전 한국전력공사 전무)
시중의 수학책을 살펴보면 내용은 거의 대동소이하다. 이 책은 다르다. 같은 내용도 다른 방식으로 제시하여, 수학의 본질에 대해 다시 한번 생각하게 도와준다. 이것만으로도 이 책은 존재의 의미가 있다.

최승인(종로학원 서울역 본원 수학 강사)
문제를 풀기 위해 어떻게 생각을 해야하는지 알려주는 책이다. 이 책에서 소개하는 방법으로 수학적 사고를 해 나가면 수리논술이나 수학능력시험의 어려운 문제도 거뜬히 해결할 수 있을 것이다.

정현숙(하남 중학교 수학담당교사)
많은 학생들이 수학을 이해하기 어려운 과목으로 생각하고 두려워한다. 하지만 기초부터 차근차근, 차분히 잘 생각해보면 뭔가 감이 올 것이다. 이 책이 도움을 줄 수도 있을 것이다.

이종호(인지산업협회 인지지능연구소 부소장)
이전 수학책들과 달리 질문 위주로 구성되어 있어서 수학적 사고에 도움을 줌으로 참신합니다.

문효수(건축사)
건축 디자인에도 필요한 논리력 향상에 도움이 될 것 같다.

오여록(치과의사)
수학에 대한 신선한 접근!

이종승(변호사)
고등학교로 다시 갔다면 수학이 그토록 어렵지만은 않았을 것이다.

박경원(숭실대학교 대학원 통계학 박사 수료, ZTC 솔루션 이사)
근래에 본 수학책 중에서 가장 독창적이다.

송준호(서울대학교 융합과학기술대학원 박사 수료)
쉽다. 재미있다. 흥미롭다.

유세진(삼성전자)

4차 산업혁명 시대에 요구되는 창조적인 인재가 되려면 익숙함에서 벗어나려는 관점의 변화가 필요하다. 이 책은 우리에게 익숙한 수학적, 논리적 문제들에 '왜?'라는 질문을 새롭게 던지면서 그와 같은 시도를 하고 있다. 각 장마다 펼쳐져 있는 저자의 설명을 따라가다 보면, 어느샌가 독자들이 갖는 사고의 폭도 더욱 넓어질 것이다. 학교에서 익숙하게 배웠던 문제들이 쉽고 재밌게 되는 것은 덤으로 얻는 즐거움이다. 일독을 권한다.

김기하(연세대학교 계산과학공학 박사과정)

이 책은 수학을 배우는 주 목적인 논리적 사고에 대해 이야기하는 반가운 책이다. 이미 많은 책들이 같은 목적으로 쓰여졌지만, 다른 책들은 천재들의 독창적인 사고나 오랫동안 풀리지 않고 있는 난제 등을 예시로 삼고 있어 직접적인 공감을 이끌어내기 힘들었다. 기존의 책과 다르게 이 책은 우리가 중고등학교때 이미 경험한 수학 문제에 숨겨있는 논리적 사고를 보여주고, 그것을 통해 수학의 논리성을 이해할 수 있게 한다. 이 책은 입시를 위해 수학을 공부하는 수험생에게는 수학 공부의 목적을, 일반 교양을 위해 이 책을 읽는 독자에게는 논리적 사고가 무엇인지를 알려주는 고마운 책이다.

차기훈(고려대학교 수학과, 2013 수능 수학 100점)

무작정 공식을 암기하는 것이 아니라 수학의 원리를 이해하면 수학과 친해질 수 있습니다. 이 책과 함께 수학의 매력에 빠져보세요.

차 례

들어가기 1

기하   7
직사각형의 넓이 7
직사각형의 넓이와 "덧셈에 대한 곱셈의 분배법칙" 9
직각삼각형의 넓이 11
다양한 모양의 삼각형의 넓이 13
피타고라스의 정리 15
좌표평면 위 삼각형의 넓이 18

수와 연산   21
수 표기하기 21
더 큰 수 표기하기 26
제곱해서 2가 되는 양수는 어떻게 표기할 것인가? 27
분수와 소수 36
많은 수을 지칭하기 : 조건 40
도대체 $\sqrt{2}$는 무엇인가? 48
대범한 시도 52
귀류법 54
허수 i의 출현 57
$(-1) \times (-1)$은 왜 1 인가? 58
1을 0으로 나누면? 60
제곱근을 포함한 두 수의 대소 비교 1 62
제곱근을 포함한 두 수의 대소 비교 2 66
제곱근을 포함한 두 수의 대소 비교 3 67
분모의 유리화 73

대수
변수를 활용하기 77
변수를 포함한 식 79
자연수의 덧셈(결합법칙과 교환법칙) 83
항등식을 증명하기 88

대수: 방정식
방정식: 들어가기 93
양변에 공통적인 요소를 확인한다 95
조금 복잡한 예 98
더욱 복잡한 예 99
반복되는 요소를 찾아서 없애라 101
미지수가 하나인 1차 방정식: 양변에 같은 연산하기 . . . 104
미지수가 하나인 1차 방정식: 양변에 같은 연산하기 2 . . 106
역원 108
미지수가 하나인 1차 방정식: 부정 또는 불능 109
미지수가 하나인 1차 방정식 : 정리 111
연립 1차 방정식: 연결점을 설정하자 112
연립 1차 방정식: 연결점 $x + y$ 114
연립 1차 방정식: 연결점 설정의 고려 사항 115
연립 1차 방정식: 연결점 0 117
미지수가 두 개인 연립 1차 방정식: 양변에 같은 연산하기 120
미지수가 두 개인 연립 1차 방정식: 마무리 122
미지수가 3개인 연립 1차 방정식: 연결점 124
동치 126
동치와 사칙 연산 129
동치와 연립방정식 131
2차 이상의 방정식 133
2차 이상의 방정식 풀기 135

대수: 인수분해
인수분해: 들어가기 141
갤러리: 다항식의 그래프 144
인수분해의 기초: 반복되는 요소를 찾아라 145

1차 다항식의 인수분해 : (부분적으로) 반복되는 요소를 찾아라 150
인수분해와 변수의 개수 154
변수가 하나인 3차 다항식의 인수분해 : 계수의 반복 158
계수에서 공통 요소를 찾아라(변수가 하나인 3차 다항식) 162
문제를 푸는 2가지 방법 166
변수가 하나인 2차 다항식의 인수분해 168
변수가 하나인 2차 다항식의 인수분해 : 실수계수 172
변수가 하나인 2차 다항식의 인수분해 : 방정식의 해 175
인수분해와 방정식의 해 176
공식의 재활용 : "변수 + 상수" 178
변수가 하나인 3차 다항식의 인수분해 : 복습 181
3차 다항식의 인수분해 : $x^3 - y^3$ 182
변수가 둘인 3차식의 인수분해 공식 유도 1 184
변수가 둘인 3차식의 인수분해 공식 유도 2 186
$x^3 + y^3 + z^3 - 3xyz$ 의 인수분해 공식 유도 188
변수가 하나인 4차 다항식의 인수분해 : 복이차식 1 190
변수가 하나인 4차 다항식의 인수분해 : 복이차식 2 193
변수가 하나인 4차 다항식의 인수분해 : 반복적인 계수 198
변수의 개수를 줄이자 1 203
변수의 개수를 줄이자 2 207
최고차수를 줄이자 209

대수 : 부등식　　　　　　　　　　　　　　　　　　　　213
미지수가 하나인 1차 부등식 213
부등식과 음수 215
미지수가 하나인 1차 부등식의 해법 219
2차 이상의 부등식 221
미지수가 하나인 2차 부등식의 해법 223
산술 평균, 기하 평균 1 225
산술 평균, 기하 평균 2 227

에필로그　　　　　　　　　　　　　　　　　　　　　　231

들어가기

수학을 공부해 본 사람들은 안다. 수학을 배운다는 것은 **수학 문제를 푸는 방법**을 배우는 것이다.

"왜 그렇게 풀어야 하는가?"

이것은 내가 학창 시절에 수학 공부를 하면서 항상 품고 있었던 의문이다. "그래, 그렇게 하면 풀리네. 그런데 왜 그렇게 풀어야 하는 거지?" 그에 대한 해답을 찾기 위해 나는 참 오랫동안 고민했다. 풀린 문제도 다시 보면서 의문에 대한 해답을 찾고자 했다. 그에 대해 내가 찾은 답은 어찌 보면 허무하고, 어찌 보면 당연하고, 어찌 보면 단순하다.

"그렇게 하면 풀리기 때문이다."

그렇다면 왜 그렇게 하면 풀리는가? 그리고 어떻게 그 방법을 생각해 냈을까? 본 책은 이에 대한 대답이다.

수학에서 가장 많이 이용하는 방법

문제를 풀 때 가장 많이 이용하는 방법 중의 하나는 '**반복되는 요소를 찾아서 합쳐라**'이다. 사실 이 방법은 실제 생활에서도 흔하게, 그리고 자연스럽게 이용되고 있다. 누군가 다음과 같은 말을 하고 싶다고 해보자.

"**나**는 영수를 사랑해. **나**는 철수를 사랑해.
나는 가희를 사랑해. **나**는 민철이를 사랑해."

위의 말은 다음의 말과 어떻게 다른가?

"**나**는 영수를 사랑해. **철수**는 영민이를 싫어해.

> **가희**는 정수를 좋아해. **민철**는 홍철이를 미워해."
>
> 두 말의 차이는 반복에 있다. 첫 번째 말에는 "나"가 4번, "사랑해"가 4번 반복되고 있다. 그래서 첫 번째 말은 다음과 같이 줄일 수 있다.
>
> "**나**는 영수, 철수, 가희, 민철이를 사랑해."
>
> 반복되는 것은 합칠 수 있다!

수학의 많은 공식은 반복되는 것을 합친다는 관점에서 이해할 수 있다. 그런 공식은 학년과 단원을 초월해서 등장한다.

$$A \cap A = A \quad \text{(집합 단원에서)}$$
$$A^{-1}B^{-1} = (BA)^{-1} \quad \text{(행렬 단원에서)}$$

등호의 좌변을 보자. 첫 번째 등호에서는 집합 A가, 두 번째 등호에서는 역행렬 연산($^{-1}$)이 반복되어 나타난다.

$$A \cap A = \boldsymbol{A}$$
$$A^{-1}B^{-1} = (BA)^{\boldsymbol{-1}}$$

이렇게 반복되는 것을 하나로 합쳐서 줄여놓고 보면, 문제가 단순해진다. 그리고 많은 경우, 단순한 문제는 복잡한 문제보다 풀기 쉽다.

본 책은 수학을 처음 배우는 사람들을 위한 책이 아니다. 만약 수학을 처음 배운다면(혹은 이 책에서 다루는 내용을 한번도 들어본 적이 없다면), 다른 입문서를 먼저 읽어보길 권한다. (한번 찾아보면 엄청나게 다양한 입문서가 존재한다는 사실에 놀랄 것이다. 그리고 그 내용이 대부분 크게 다르지 않다는 점에서 다시 한번 놀랄 수 있다.)

본 책은 중고등학교 교과과정 중에서 **기하**, **수와 연산**, **대수**를 다룬다. **기하** 부분은 이후 논의에 필요한 부분(특히 피타고라스 정리)만 간단하게 짚었다. **수와 연산**에서는 제곱근에 대한 내용이 주를 이루고, **대수**에서는 **방정식**, **인수분해**, **부등식** 등을 다룬다. 중고등학교 교과 과정을 모두 마쳤다면 이미 익숙한 내용일 것이다. 하지만 이 책에서 대답하려는 질문은 다음과 같다.

"왜 그렇게 하나요?"

"만약 사람들이 수학이 단순하다고 믿지 않는다면
그것은 사람들이 인생이 얼마나 복잡한지를 깨닫지 못하기 때문이다."
— 존 폰 노이만

기하

기하

직사각형의 넓이

직사각형의 넓이는 두 변의 길이를 곱한 값이다. 다음의 그림은 구체적인 예를 보여준다. (넓이는 보통 알파벳 S로 표시한다.)

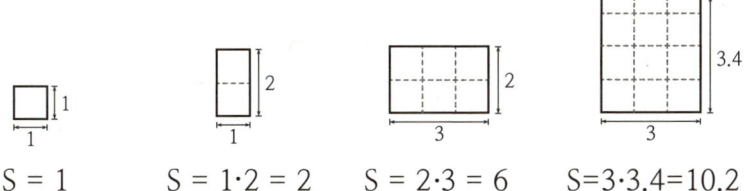

만약 직사각형을 이루는 변의 길이를 특정하지 않는다면 다음과 같이 쓸 수 있다.

$$S = a \cdot b$$

직사각형의 정확한 모양은 무시하자. 변의 길이 a, b에 따라 직사각형의 구체적인 모양은 달라진다. (예. 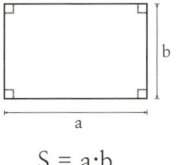) 반면에 두 변 사이의 각도는 항상 90도로 일정해야 한다.

직사각형의 넓이와 "덧셈에 대한 곱셈의 분배법칙"

다음의 두 직사각형을 보자.

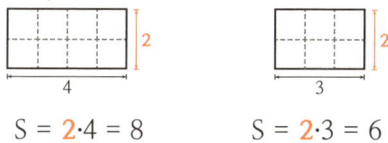

$S = 2 \cdot 4 = 8 \qquad S = 2 \cdot 3 = 6$

그리고 두 직사각형의 공통점을 확인하자. 만약 두 직사각형의 한 변의 길이가 같다면, 같은 길이의 변을 맞붙여서 큰 직사각형을 만들 수 있다.

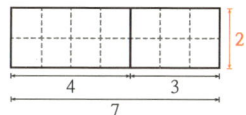

이때 큰 직사각형의 넓이는 작은 두 직사각형의 넓이를 합해서 구할 수도 있고, 큰 직사각형의 두 변의 길이를 곱해서 구할 수도 있다.

$$S = (2 \cdot 4) + (2 \cdot 3) = 8 + 6 = 14$$
$$S = 2 \cdot (4 + 3) = 2 \cdot 7 = 14$$

그리고 이 둘은 같다.

$$2 \cdot 4 + 2 \cdot 3 = 2 \cdot (4 + 3)$$

두 변의 길이가 a, h인 직사각형의 넓이와 b, h인 직사각형의 넓이의 합은 $(a+b)h$로 구할 수도 있고, $ah + bh$로 구할 수도 있다. 그리고 이 둘도 같다.

$$(a + b)h = ah + bh$$

곱셈의 분배법칙 9

앞의 공식은 덧셈과 뺄셈의 성질을 나타내고 있고, **"덧셈에 대한 곱셈의 분배법칙"**이라고 한다. 등식의 좌변에는 곱셈이 한 곳에 나타나고, 등식의 우변에는 곱셈이 두 곳에 "분배"되어 나타나기 때문이다. 이 등식은 a, b, h 가 모두 양수일 때뿐만 아니라, a, b, h의 일부 또는 전부가 음수일 때에도 성립한다고 한다.

직각삼각형의 넓이

다음의 삼각형의 넓이는 얼마일까?

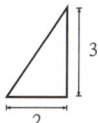

잘 모르겠는가? 그렇다면 **아는 것은 무엇인가?** 앞에서 두 변의 길이가 a, b 인 직사각형의 넓이를 구할 수 있었다. 직사각형과 직각삼각형을 비교해보자.

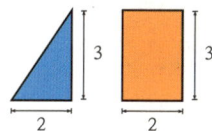

문제를 푼다는 것은 어떻게 보면 이미 알고 있는 바와 아직 모르는 바를 연결하는 것이다. **무엇이 같은가? 무엇이 반복되고 있는가? 반복되는 것을 합쳐보자.**

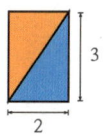

이제 대각선으로 나뉘어진 두 삼각형을 비교해보자. **두 삼각형은 방향이 다르지만 동일한 삼각형이다!** (한 삼각형을 옮겨서 다른 삼각형과 완벽히 포개지게 만들 수 있다.) 따라서 직사각형의 넓이는 다음과 같이 쓸 수 있다.

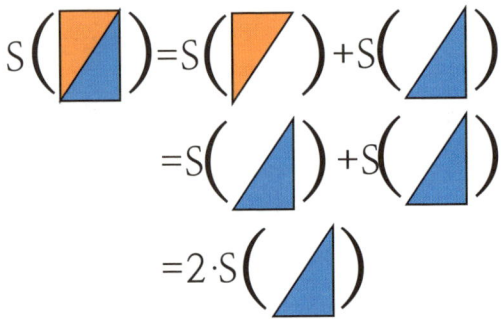

빗변을 제외한 두 변의 길이가 a, b인 직각삼각형의 넓이는 두 변의 길이가 a, b인 직사각형 넓이의 절반이다.

$$S = \frac{1}{2}ab$$

다양한 모양의 삼각형의 넓이

다음과 같이 직각삼각형이 아닌 삼각형의 넓이는 어떻게 구할 수 있을까?

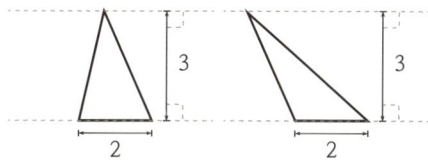

우선 우리가 알고 있는 것을 확인하자. 직사각형과 직각삼각형의 넓이를 구할 수 있다. 그렇다면 주어진 삼각형을 직사각형이나 직각삼각형으로 나타낼 수 있을까?

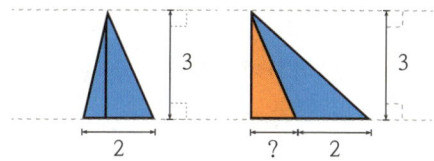

이렇게 보면 삼각형의 넓이는 분명해진다.

$$S\left(\triangle\right) = S\left(\triangle\right)_a + S\left(\triangle\right)_b$$

$$S\left(\triangle\right) = S\left(\triangle\right)_c - S\left(\triangle\right)_d$$

위의 삼각형을 보면 공통점이 있다. 모두 높이가 같다. 첫 번째 삼각형의 넓이를 구해보자. 첫 번째 삼각형을 두 개의 작은 삼각형으로 나눴을 때,

각 삼각형의 밑변의 길이를 a와 b라고 하고 첫 번째 삼각형의 넓이를 S_1이라고 놓으면, S_1은 다음과 같다.

$$S_1 = \frac{1}{2} \cdot 3 \cdot a + \frac{1}{2} \cdot 3 \cdot b$$

여기서 a, b를 모른다고 포기하지 말자! $\frac{1}{2} \cdot 3 \cdot a + \frac{1}{2} \cdot 3 \cdot b$에서 반복되는 부분을 찾아라. $\frac{1}{2} \cdot 3$이 반복되고 있다. 앞에서 설명한 "공식의 분배법칙"의 활용하면,

$$\frac{1}{2} \cdot 3 \cdot a + \frac{1}{2} \cdot 3 \cdot b = \frac{1}{2} \cdot 3 \cdot (a+b).$$

$a+b$는 원래 삼각형의 밑변의 길이 (2) 이므로 삼각형의 넓이는 $S_1 = \frac{1}{2} \cdot 3 \cdot (2) = 3$이 된다.

두 번째 삼각형의 넓이도 마찬가지 방법으로 구한다. 밑변의 길이 c와 d를 모르지만, $c-d$가 2라는 것을 확인할 수 있다. 두 번째 삼각형의 넓이를 S_2라고 했을 때,

$$S_2 = \frac{1}{2} \cdot 3 \cdot c - \frac{1}{2} \cdot 3 \cdot d = \frac{1}{2} \cdot 3 \cdot (c-d).$$

따라서 두 번째 삼각형의 넓이는 $\frac{1}{2} \cdot 3 \cdot (3) = 3$이다.

이처럼 어떤 모양의 삼각형도 밑변의 길이와 높이를 알면, 넓이는 밑변의 길이에 높이를 곱한 값을 2로 나눠서 구할 수 있다.

피타고라스의 정리

피타고라스는 모든 직각 삼각형에 존재하는 규칙을 알아냈다. "피타고라스의 정리"에 따르면 평면 위의 모든 **직각 삼각형**은 세 변의 길이가 다음의 특별한 관계를 따른다. 직각삼각형의 세 변의 길이를 $a, b, c (a \leq b \leq c)$라고 할 때,

$$c^2 = a^2 + b^2.$$

직각삼각형이라면 어떤 모양이든지 상관없이 빗변의 길이를 제곱한 값이 다른 두 변의 길이를 제곱한 후 합한 값과 같다.

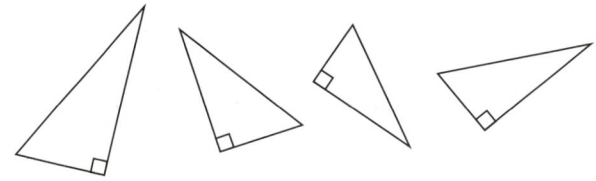

그런데 그런 규칙이 성립한다는 것을 어떻게 확신할 수 있을까? 먼저 직각삼각형의 각 변 위로 정사각형을 그려보자.

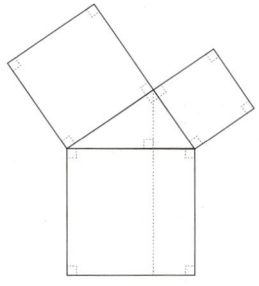

각 변 위로 그린 정사각형의 넓이는 변의 길이를 제곱한 값이다. 그리고 작은 정사각형 두 개의 넓이를 큰 정사각형 안에서 찾을 수 있다.

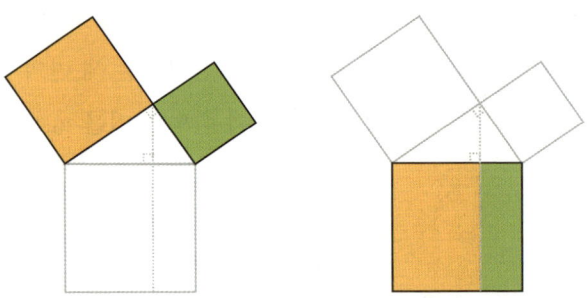

위의 왼쪽 그림과 오른쪽 그림을 보자. 같은 색깔은 같은 면적을 나타낸다. 하지만 모양이 다른 두 사각형의 넓이가 같다는 것을 어떻게 확신할 수 있을까?

두 가지를 기억하면 된다. 밑변과 높이가 같다면 삼각형의 넓이는 같다. 그리고 각 변의 길이과 사이각의 크기가 모두 같은 두 삼각형의 넓이도 같다.

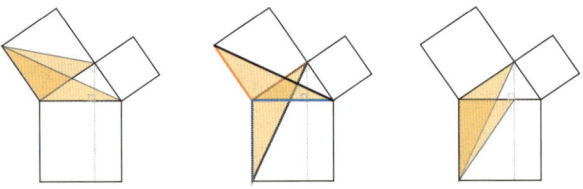

위의 그림에서 모든 삼각형의 넓이는 같다. 첫 번째 그림에서 두 삼각형은 밑변의 길이와 높이가 같기 때문에 면적이 같다. 두 번째 그림은 각 변의 길이가 모두 같은 두 삼각형을 보여준다. 세 번째 그림에서 두 삼각형은 높이가 같다. 따라서 다음 그림에서 두 삼각형의 넓이는 같다.

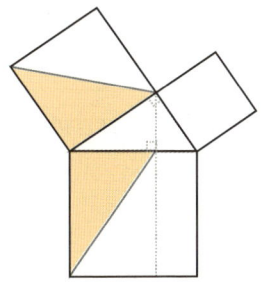

그리고 직각삼각형을 둘러싼 직사각형의 넓이 역시 같다.

위의 방법은 유클리드가 기원전 300년경에 쓴 유명한 기하학 책인 '원론'에 수록되어 있는 방법이다. 그 책에 수록된 '피타고라스의 정리'의 증명방법은 여러 가지 기호가 어지럽게 뒤섞여 이해하기 힘들지만, 전개 과정의 핵심은 분명하다.

넓이가 같은 삼각형을 찾아라!

좌표평면 위 삼각형의 넓이

삼각형의 꼭지점의 위치가 $(0, 0)$, (x_1, y_1), (x_2, y_2) 일 때, 삼각형의 넓이는 다음과 같이 구할 수 있다.

$$S = \frac{1}{2} |x_1 y_2 - x_2 y_1|$$

왜일까? 넓이가 같은 직각삼각형을 찾으면 된다.

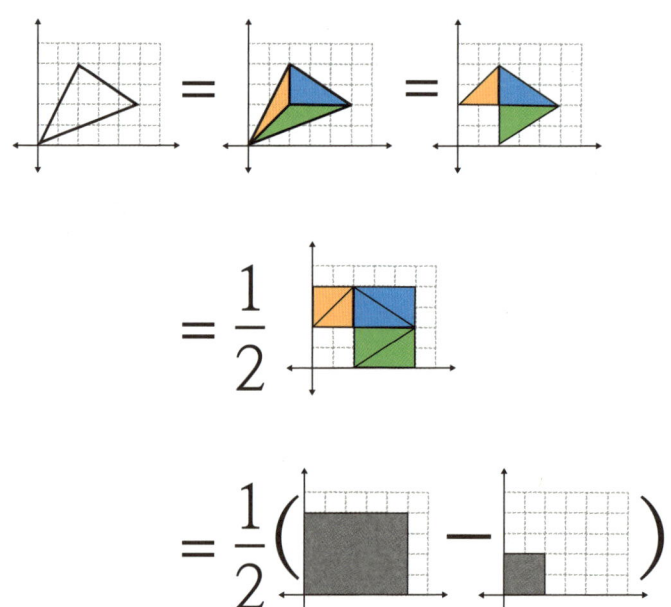

수와 연산

수와 연산

수 표기하기

물건을 세는 행위는 사람에게 지극히 당연하고 자연스러운 행동이다. 1, 2, 3, 4, ⋯. 가장 쉬운 방법은 손가락을 하나씩 접어가는 것이다. 아이들은 손가락을 사용하여 숫자를 세고, 덧셈과 뺄셈을 한다.

하지만 다루는 수의 크기가 커지면 손가락만으로는 부족하게 된다. 그때 유용한 방법은 도구를 이용하거나 표기를 하는 것이다. 수가 하나 증가할 때마다 작대기를 하나씩 그어 보자. 1, 2, 3, 4, 5, 6, 7은 아래와 같이 표기할 수 있다.

하지만 이 방법은 그리 오래 가지 못한다. 예를 들어 위의 방법으로 100을 표기해보자.

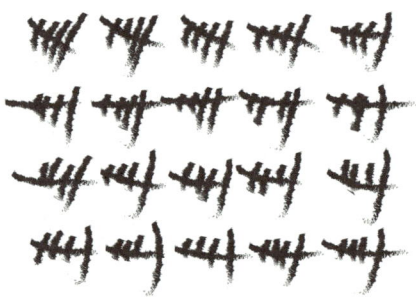

그리고 1000을 표기해 보자.

헉헉... 이제 10000을? 10000을 표기하기 전에, 10000을 같은 방법으로 표시하려면 시간이 얼마나 걸릴지 계산해 보자. 1000을 표기하는데 3분 정도 걸렸다면 3 × 10 = 30분이 걸릴 것이다! 30분 동안 작대기를 만 개 그어서 10000을 표기하기 전에 한번 생각을 해보자. 좀 더 쉽게 10000을 표기할 순 없을까? 예를 들어 엄청 큰 작대기를 하나 그어서 10000을 표기하거나 엄청나게 복잡한 기호를 만들어서 10000을 표기하는 방법은 어떨까? 이를테면 10001은 다음과 같이 될 것이다.

혹은 다음과 같다.

옛날 사람들도 바보는 아니었다. 로마 사람들이 사용했던 로마 숫자를 보자.

로마 숫자	우리가 사용하는 숫자
I	1
V	5
X	10
L	50
C	100
D	500
M	1000

로마 사람들은 1000은 "M"으로 적었다. 몇 분이나 걸렸지? 하지만 로마 숫자는 새로운 단위마다 새로운 문자를 사용하기 때문에 숫자가 커질수록 기억해야 할 문자가 많아진다.

예를 들어, 5000, 10000, 50000, … 을 표시하기 위해 새로운 문자를 사용한다고 생각해보자. 300,000,000을 표시하기 위해서는 10개의 기호가 더 필요하다 (300,000,000 m/s은 빛의 속도다).

그래서 사람들은 꾀를 냈다. **이미 사용하고 있는 기호를 재활용하자!** 예를 들어, 1을 나타내는 I 위에 줄을 그으면 1000을 나타낸다고 정하는 것이다. 이 방법에 따르면 1000, 5000, 10000, 50000은 $\bar{I}, \bar{V}, \bar{X}, \bar{L}$ 된다. 그리고 기호가 다 떨어지면 다른 기호를 생각해낸다. 옆줄, 동그라미 등을 쓸 수 있다.

$$|I|, ①$$

기호를 재활용함으로써 외워야 할 기호의 갯수는 줄어들었지만 수가 커질 수록 외워야 할 기호는 여전히 증가한다. 윗줄, 옆줄, 동그라미 등 새로운 표시 방법을 계속 만들어야 한다.

그리고 두 수의 크기를 비교하거나 덧셈과 뺄셈을 하기가 어렵다.

	로마 숫자	현재의 숫자 표기
대소 비교	I < VI	1 < 6
	VI < X	6 < 10
	XXV < LII	25 < 52
덧셈	XIII + XXV = XXXVIII	13 + 25 = 38
	XIV + XXXIX = LIII	14 + 39 = 53
뺄셈	XXXVIII − XXV = XIII	38 − 25 = 13
	LIII − XIV = XXXIX	53 − 14 = 39

위의 표는 로마 숫자와 현재의 숫자 표기를 활용하여 두 수의 크기를 비교하고, 덧셈과 뺄셈을 하는 예를 보여준다.[1]

---

[1] 로마자에 익숙치 않은 독자를 위해 로마 숫자를 현재 표기와 비슷하게 표현해 보자. 로마 숫자 I은 1로 나타내고, II는 11, III는 111로 나타내는 식이다. 그렇다면 IV는 15, V는 5, VI는 51이 된다. 그리고 X은 ⊙, L은 ⊕으로 표기하면 표 2는

현재의 숫자 표기는 외우기 쉽고, 수를 비교하기 쉽고, 덧셈과 뺄셈이 쉽다. 이것이 어떻게 가능한 것일까? 현재의 숫자 표기는 외워야 하는 기호가 단 10개(0, 1, 2, 3, 4, 5, 6, 7, 8, 9) 뿐이다. 그리고 큰 수를 나타내기 위해 새로운 기호를 외울 필요 없이 숫자 뒤에 0을 붙여주기만 하면 된다. 기발하지 않은가?

수를 나타내는 서로 다른 표기법에 대해 알아보았다. 서로 다른 표기법은 서로 다른 장점을 가지고 있다. 작대기 표기법은 직관적이고 누구나 배울 수 있다. 로마자는 큰 수를 적을 때 수고를 덜어주지만 많은 기호를 외워야 하고, 덧셈과 뺄셈을 하기도 어렵다. 그에 비해 아라비아 숫자를 사용하는 현재의 방법은 많은 기호를 배울 필요도 없고 덧셈과 뺄셈을 하기에도 편리하다. 그리고 그 원리는 단순하다.

새로운 기호를 만들지 말고 기존의 기호를 재활용하자!

다음과 같이 표시할 수 있다. 어렵지 않다고 느낄 수도 있지만, 수의 단위가 천, 만, 억으로 증가할 때를 상상해보자.

$$1 < 51$$
$$51 < \odot$$
$$\odot\odot 5 < \oplus 11$$
$$\odot 111 + \odot\odot 5 = \odot\odot\odot 5111$$
$$\odot 15 + \odot\odot\odot 1\odot = \oplus 111$$
$$\odot\odot\odot 5111 - \odot\odot 5 = \odot\odot 111$$
$$\oplus 111 - \odot 15 = \odot\odot\odot 1\odot$$

더 큰 수 표기하기

1 광년은 빛이 1년 동안 이동하는 거리를 의미한다. km로 나타내면 대략 다음과 같다.

$$1 \text{ 광년} = 9,500,000,000,000 \text{ km}$$

다음은 매우 큰 수를 아라비아 숫자로 표기하고, 읽는 방법을 소개하고 있다.

아라비아 숫자	한글(한자)
100,000,000	억億
1,000,000,000,000	조兆
1,000,000,000,000,000	경京
1,000,000,000,000,000,000	해垓

그리고 무량대수(無量大數)는 1 뒤에 0이 무려 68개나 붙는다.

100,000,000,000,000,000,000,000,000,000,000,000,000,000,000,000,000,000,000,000

무엇이 반복되는가? 0!

몇 번이나? 68번.

따라서 이렇게 표현할 수 있다. 1 뒤에 0이 **68**개 붙는다.

$$1 \times 10^{68}$$

제곱해서 2가 되는 양수는 어떻게 표기할 것인가?

어린이들은 0, 음수, 소수, 분수가 굉장히 어려운 개념이고, 그것을 이해하기 위해 많은 노력을 한다. 그리고 각각의 수에는 특별한 방식의 표기법이 있다.

예) $0, \quad -1, \quad \frac{1}{2}, \quad 0.14$

이런 표기법이 옛날부터 당연하게 사용해왔던 표기법이라고 생각하면 오산이다. 이들 역시 수를 정확하고, 효율적으로 표기하기 위해 제안된 여러 방법 중의 하나다.

여기서는 거듭제곱근 기호($\sqrt{}$)에 대해 알아보자. 이 기호는 어떤 문제를 풀고자 했는가? 그리고 어떻게 풀었는가?

1. 왜 거듭제곱근을 쓰는가?

어떤 수를 정확하게 나타내기 위해서이다. $\sqrt{2}$를 생각해보자. $\sqrt{2}$는 제곱해서 2가 되는 양수다. $\sqrt{2}$가 어떤 수가 될지 추측하는 것은 그리 어려운 일이 아니다. 피타고라스의 정리를 활용하면 $\sqrt{2}$는 아래 그림에서 정사각형의 대각선($\overline{OC}$)의 거리이며, 수직선 상에서는

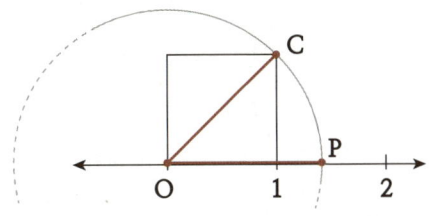

원점 O에 점 P까지의 거리다. (점 P는 $\overline{OC}$를 반지름으로 하는 원을 그릴 때 수직선과 만나는 두 점 중 하나다.)

<도대체 $\sqrt{2}$는 무엇인가?> 에서 살펴보겠지만 $\sqrt{2}$를 소수로 나타내면, 1.41421356237…으로 무한개의 숫자가 필요하다. 하지만 실제 생활에서는 $\sqrt{2}$를 1.4142 정도로 나타내면 충분할 것이다. 이게 무슨 소리인가?

운동장에 한 변의 길이가 1 m인 정사각형을 그려보자. 이때 정사각형의 대각선의 길이는 얼마일까? 가장 손쉬운 방법은 줄자로 길이를 재어보는 것이다. 실제로 재어보면 다음과 같은 사실을 깨닫게 된다. 첫째, 줄자의 눈금은 mm까지 표시하고 있기 때문에 mm보다 더 정확하게 길이를 측정하는 것은 어렵다. 둘째, 줄자를 팽팽하게 당겨서 대각선의 길이를 측정하려면 대각선의 양 끝에서 두 사람이 줄자를 당겨야 한다. 하지만 두 사람이 주는 힘이 서로 다르고 변하기 때문에 줄자는 상하좌우로 조금씩 움직이게 되고 정확한 길이를 측정하기 힘들다. 결과적으로 길이는 1.39 m, 1.40 m, 1.41 m 등으로 측정될 것이다.

이 결과는 수학적인 결과 $\sqrt{2}$=1.41421356237…과 차이가 있다. 무엇이 문제인가? 수학적 결과는 정확하고 완벽한 정사각형을 가정한다. 한 변의 길이가 정확하게 1 m이고 사잇각이 정확하게 90°일 때, 대각선의 길이는 정확하게 $\sqrt{2}$ m가 될 것이다. 운동장에 그린 정사각형을 보자. 한 변의 길이가 정확하게 1 m인가? 1.01 m도 아니고, 1.00001 m 혹은 1.0000001 m도 아니고, 0.999999 m도 아닌 한 치의 오차도 없이 완벽한 1 m인가? 사잇각은 완벽한 90°인가?

안타깝게도 완벽한 정사각형은 현실에 존재하지 않는다.

따라서 운동장에 그린 정사각형의 대각선의 길이는 $\sqrt{2}$ m가 아니다. 1.40 m일 수도 있고, 1.41 m일 수도 있다. 하지만 정확하게 알 수 없다. 정사각형이 완벽하지 않고, 길이를 측정한 줄자 역시 완벽하지 않기 때문이다. 따라서 운동장에 그린 정사각형의 대각선의 길이를 나타내기 위해서는 1.41 m면 충분할 것이다. 다시 말해, "제곱해서 2가 되는 양수"는 1.41이나 1.414로 표기하면 될 것이다.

그렇다면 우리는 왜 굳이 $\sqrt{2}$로 쓰는가?

비록 현실에는 완벽한 정사각형이 존재하지 않지만, **우리는 상상할 수 있다.** 인간의 많은 발명품(자동차, 비행기, 텔레비전, 스마트폰 등)은 현실에 존재하지 않는 것을 상상하는 것에서부터 시작했다. 한 변의 길이가 정확히 1 m, 사이각은 정확히 90°인 완벽한 정사각형을 상상하는 것은 어렵지 않다.

그렇다면 상상 속의 완벽한 정사각형은 대각선의 길이가 얼마일까? 피타고라스 정리를 적용하면 그 값은 정확히 $\sqrt{2}$ m다. 이때 $\sqrt{2}$를 1.41 또는 1.414로 쓴다면, 이 값은 정확하지 않다. 비슷하지 않느냐고 항변할 수도 있다. 당장은 큰 차이가 나지 않을 수도 있다. 하지만 작은 차이가 누적되면 엄청난 차이가 나타날 수 있다. 예를 들어, 1.414를 제곱하면, 1.999396이다. $\sqrt{2}$를 제곱한 2와는 0.0006 이하의 차이를 보인다. 하지만 $\sqrt{2}$의 32승과 1.414의 32승을 비교해 보자.

$$(\sqrt{2})^{32} = 65\mathbf{536}$$

$$(1.414)^{32} = 65\mathbf{220}.05\cdots$$

제곱을 거듭해 갈수록 두 수의 차이는 점점 더 커진다. 따라서 제곱해서 정확하게 2가 되는 수를 표기하려면 1.141이나 1.41421356237로는 부족하다. 그리고 소수점 이하의 숫자를 아무리 많이 늘려나가도 부족하다. 따라서 다른 방법이 없어 보인다. 제곱해서 정확하게 2가 되는 양수를 "$\sqrt{2}$"로 표시하자. 이렇게 제곱근 기호($\sqrt{}$)를 사용함으로써 숫자를 정확하게 표기할 수 있다. 제곱해서 2가 되는 양수, 제곱해서 3이 되는 양수($\sqrt{3}$), 제곱해서 5가 되는 양수($\sqrt{5}$)를 정확하게 표기할 수 있다. 하지만 잃는 것도 있다.

2. 거듭제곱근 기호의 단점

다음의 두 수의 크기를 비교해보자.

- 2000,   1304
- 1703,   1414
- 5324,   331
- 331.66,   331

가장 큰 자릿수의 숫자부터 비교해서 숫자가 큰 쪽이 더 크다.

2	0	0	0
1	3	0	4

1	**7**	0	3
1	**4**	1	4

-
5	3	2	4
0	3	3	1

-
3	3	1.	6	6
3	3	1.	0	0

하지만 두 수 중 하나가 거듭제곱근의 형태로 되어 있다면 두 수의 대소 비교가 앞에서와 같이 쉽지 않다. 다음의 두 수를 비교해보자.

- 2000, $\sqrt{1700417}$

- $100\sqrt{290}$, $1000\sqrt{2}$ [†]

- 5324, $\sqrt{110000}$

- $100\sqrt{11}$,   331

쉽게 판단할 수 없다. 수를 정확하게 표시하였지만 두 수의 대소를 판단하기는 어려워졌다. 만약 제곱근 표기와 함께 동일한 수를 소수로 나타내면 우리는 두 마리 토끼를 동시에 잡을 수 있다. 수를 정확하게 나타내고, 두 수의 대소를 쉽게 판단할 수 있다.

- 2000, $\sqrt{1700417}\,(\fallingdotseq 1304.00038\cdots)$

- $100\sqrt{290}\,(\fallingdotseq 1702.93863\cdots)$, $1000\sqrt{2}\,(\fallingdotseq 1414.21356\cdots)$

[†] $100\sqrt{290}$과 $1000\sqrt{2}$는 $100 \times \sqrt{290}$과 $1000 \times \sqrt{2}$를 간단하게 표기한 것이다. 곱셈은 × 나 · 으로 나타내거나 생략할 수 있다.

- 5324, $\sqrt{110000}(\fallingdotseq 331.66247\cdots)$

- $100\sqrt{11}(\fallingdotseq 331.66247\cdots)$,   331

3. 단지 두 수의 크기를 비교하려고 한다면?

여기서 한 가지 문제는 제곱근을 소수의 형태로 나타내는 것이 쉽지 않다는 점이다. $\sqrt{2} = 1.41421\cdots$을 구하기 위해 어떤 과정을 거쳤는지 기억나는가? 그 과정은 다음과 같다.

$$
\begin{array}{r}
\phantom{\sqrt{}}1.4142\\
\sqrt{02.00000000}\\
02\\
01\\
\hline
0100\\
0096\\
\hline
0400\\
0281\\
\hline
011900\\
011296\\
\hline
060400\\
\end{array}
$$

손으로 구하는 것은 생각보다 까다롭고 시간이 많이 걸린다. [여기서 $\sqrt{2}$를 직접 구하는 방법을 설명하진 않겠다. 가장 원시적인 방법은 $1^2, 2^2, (1.4)^2, (1.5)^2, (1.41)^2, (1.42)^2$ 등을 계산하여 $\sqrt{2}$와 비교해 보는 것이다.]

만약 목적이 제곱근을 소수로 나타내는 것에 있지 않고, 단지 두 수의 크기를 비교하는 것이라면 어떨까? 두 수를 모두 소수로 나타내는 중간 과정을 거치지 않고도 두 수의 크기를 비교할 수 있는 방법이 있으면 좋을 것이다. 그리고 그런 방법이 있다. 두 수의 **공통점**을 활용하는 것이다.

다음 두 수의 크기를 비교해 보자.

- $\sqrt{4000000}, \quad \sqrt{1700417}$

- $\sqrt{2900000}, \quad \sqrt{2000000}$

- $\sqrt{28344976}, \quad \sqrt{110000}$

- $\sqrt{110000}, \quad \sqrt{109561}$

두 수 모두 제곱근의 형태로 나타나 있기 때문에 두 수의 대소를 비교하는 것은 쉽다. 단지 제곱근 안의 수를 비교하면 된다.

4	0	0	0	0	0
1	7	0	0	4	1	7

2	**9**	0	0	0	0
2	**0**	0	0	0	0

2	8	3	4	4	9	7	6
0	0	1	1	0	0	0

1	**1**	0	0	0	0
1	**0**	9	5	6	1

그리고 이 수들은 모두 앞에서 소수의 형태로 변형하여 대소를 비교했던 수다.

- $2000(=\sqrt{4000000}),\quad \sqrt{1700417}\,(\simeq 1304.00038\cdots)$

- $100\sqrt{290}(=\sqrt{2900000}\simeq 1702.93\cdots),$
  $1000\sqrt{2}(=\sqrt{2000000}\simeq 1414.21\cdots)$

- $5324(=\sqrt{28344976}),\quad \sqrt{110000}\,(\simeq 331.66247\cdots)$

- $100\sqrt{11}(=\sqrt{110000}\simeq 331.66247\cdots),\quad 331(=\sqrt{109561})$

이제 결론을 말해보자. 거듭 제곱근 기호를 활용하여 수를 표기하는 것은 **수를 한 치의 오차도 없이 정확하게 표기**하기 위해서이다. 그에 비해 소수로 나타내면 **두 수의 대소를 손쉽게 비교**할 수 있다. (그리고 사람들이 보기도 읽기도 이해하기도 쉬워한다.) 하지만 두 수의 대소를 비교하는 것이 목적이라면 제곱근을 소수로 바꿔야 할 필요가 없다. **두 수를 모두 제곱근의 형태로 표현하면 두 수의 대소를 간단하게 비교할 수 있다.**

4. **거듭 제곱근 기호의 장점**

마지막으로 제곱근은 **곱셈**을 할 때 좋다. 예를 들어 어떤 이유로든 $\sqrt{2}\times\sqrt{3}$을 하고 싶을 때, 우리가 원하는 정확도에 따라 $\sqrt{2}$와 $\sqrt{3}$을 소수로 고쳐 쓴 다음 곱셈을 할 수 있다. 예를 들어 소수점 세 번째 자리까지 정확한 수를 사용한다면,

$$1.414\times 1.732 = 2.449048.$$

하지만 좀 더 높은 정확도를 원한다면 계산이 복잡하다.

$$1.41421356237\cdots \times 1.73205080756\cdots = \,?$$

하지만 $\sqrt{2} \times \sqrt{3}$으로 쓴다면, (뒤에서 설명하겠지만) $\sqrt{2} \times \sqrt{3} = \sqrt{2 \times 3} = \sqrt{6}$이다(**<제곱근을 포함한 두 수의 대소 비교 3>** 참조). 그리고 이 값은 한 치의 오차도 없이 정확한 값이다.

분수와 소수

$\sqrt{2}$는 소수로 정확히 나타낼 수 없다. 분수는 소수로 정확하게 나타낼 있다. 그렇다면 분수와 소수, 두 표기 방법에는 어떤 차이가 있을까?

1. 분수 표기의 유용성

분수 표기와 소수 표기를 비교하기 위해 먼저 $\frac{1}{3}$을 생각해보자. $\frac{1}{3}$을 소수로 나타내면, $0.333333\cdots$으로 무한 개의 숫자가 필요하다. 규칙성을 활용하여 $0.\dot{3}$으로 나타내기도 한다. 그렇다면 우리가 소수를 분수로 표기해서 얻는 것이 별로 없어 보인다. 하지만 $\frac{1}{7}, \frac{1}{21}$을 소수로 표기해보자.

$$0.\dot{1}4285\dot{7}, \quad 0.0\dot{4}7619\dot{0}$$

2. 분수 표기의 단점

다음의 두 수의 크기를 비교해보자.

- $\frac{1}{100}, \frac{3}{250}$
- $\frac{3}{7}, \frac{11}{25}$
- $\frac{50}{232}, \frac{44}{200}$

간단히 알 수 없다! 하지만 두 수를 소수로 나타내면 두 수의 크기를 손쉽게 비교할 수 있다.

- $\frac{1}{100}(= 0.01)$, $\quad \frac{3}{250}(= 0.012)$
- $\frac{3}{7}(= 0.\dot{4}2857\dot{1})$, $\quad \frac{11}{25}(= 0.44)$
- $\frac{50}{232}(= 0.2155172413\cdots)$, $\quad \frac{44}{200}(= 0.22)$

3. 두 분수의 대소를 비교하는 지름길은?

두 분수를 비교하는 다른 방법은 앞(<제곱해서 2가 되는 양수는 어떻게 표기할 것인가?>)에서 살펴본 것처럼 두 수의 공통점을 증가시키는 것이다. 예를 들어 다음과 같이 분자 혹은 분모를 동일하게 만든다면 두 수의 크기를 비교하는 것이 좀 더 쉬워진다.

- $\frac{1}{100} = \frac{10}{1000} = \frac{3}{300}$, $\quad \frac{3}{250} = \frac{12}{1000}$
- $\frac{3}{7} = \frac{33}{77} = \frac{75}{175}$, $\quad \frac{11}{25} = \frac{33}{75} = \frac{77}{175}$

분자와 분모가 모두 양수인 경우, 분모가 같을 때에는 분자가 큰 수가 큰 수이고, 분자가 같을 때에는 분모가 작은 수가 큰 수이다.

- $\frac{10}{\mathbf{1000}} < \frac{12}{\mathbf{1000}}$, $\quad \frac{\mathbf{3}}{300} < \frac{\mathbf{3}}{250}$
- $\frac{75}{\mathbf{175}} < \frac{77}{\mathbf{175}}$, $\quad \frac{\mathbf{33}}{77} < \frac{\mathbf{33}}{75}$

분모와 분자가 모두 정수라면 두 수를 모두 소수로 나타내거나 분모 혹은 분자를 통일시키는 방법을 모두 활용할 수 있다. 하지만 다음과 같이 변수를 포함한 두 유리식의 크기를 비교해보자(편의상 $x > 1$ 라고 가정하자).

- $\dfrac{1}{x+1}$, $\dfrac{x}{(x+1)(x-1)}$
- $\dfrac{1}{x^2+x}$, $\dfrac{x+2}{(x-1)x(x+1)}$

이 경우에 유리식을 어떻게 소수로 나타낼 수 있을까? 하지만 두 유리식의 분모를 통일하는 것은 가능하다.

- $\dfrac{1}{x+1} = \dfrac{x-1}{(x+1)(x-1)}$, $\dfrac{x}{(x+1)(x-1)}$
- $\dfrac{1}{x^2+x} = \dfrac{x-1}{(x-1)x(x+1)}$, $\dfrac{x+2}{(x-1)x(x+1)}$

따라서 다음을 쉽게 알 수 있다.

- $\dfrac{\boldsymbol{x-1}}{\boldsymbol{(x+1)(x-1)}} < \dfrac{\boldsymbol{x}}{\boldsymbol{(x+1)(x-1)}}$
- $\dfrac{\boldsymbol{x-1}}{\boldsymbol{(x-1)x(x+1)}} < \dfrac{\boldsymbol{x+2}}{\boldsymbol{(x-1)x(x+1)}}$

4. 그 밖의 장점은?

$0.\dot{3} \times 0.\dot{1}4285\dot{7}$과 같은 계산을 한다고 생각해보자.

$$\begin{array}{r} 0.333333\cdots \\ \times\ 0.142857\cdots \\ \hline \end{array}$$

계산이 쉬워 보이지 않는다. 하지만 $\dfrac{1}{3} \times \dfrac{1}{7}$은 어떤가? $\dfrac{1}{3} \times \dfrac{1}{7} = \dfrac{1}{21}$. 간단하다! 그리고 $\dfrac{1}{21}$을 소수로 나타내면 $0.0\dot{4}7619\dot{0}$이다.
따라서 위의 곱셈 $(0.\dot{3} \times 0.\dot{1}4285\dot{7})$을 직접하지 않고도 $\dfrac{1}{3} \times \dfrac{1}{7} = \dfrac{1}{21}$를 통해 $0.\dot{3} \times 0.\dot{1}4285\dot{7} = 0.0\dot{4}7619\dot{0}$임을 알 수 있다. 이 예는 앞으로의

논의를 하는 데 중요한 점을 시사한다. **굉장히 어렵고 복잡해 보이는 문제 ($0.\dot{3} \times 0.\dot{1}4285\dot{7}$)도 다르게 나타내면 ($\frac{1}{3} \times \frac{1}{7}$) 쉽게 풀리는 수가 있다!** (앞에서도 한번 보지 않았는가? $\sqrt{2}\sqrt{3} = \sqrt{6}$.)

많은 수을 지칭하기 : 조건

우리가 이상형을 말할 때

친구들과 이런 얘기를 자주 한다.

"넌 이상형이 누구야?" 혹은 "넌 이상형이 뭐야?"

우리가 이상형을 얘기할 때는 실존하는 인물을 예로 들어 얘기하거나 ("나는 아무개가 좋아."), 이상형이 갖추어야 할 **조건**("나는 키 작고 통통한 애가 좋아.")을 얘기하기도 한다.

그런데 그런 기준이 어떻게 생겼을까? 아마도 이제껏 만났던 사람들의 공통 분모를 찾아낸 게 아닐까?

'나는 소라, 민정, 미희를 좋아하니까 활발한 성격을 좋아하나봐.'

아니면 상상 속의 인물에서 가져온 것일 수도 있겠다. 예를 들면, 백마 탄 왕자? 신데렐라?

그런데 여기서 '내 이상형은 아무개야.' 라고 말하는 것보다 '내 이상형은 예쁘고 착한 여자야.'라고 말하면 장점이 있다. 예쁘고 착한 여자는 무수히 많다. 반면에 아무개는 한 명이다.

보통 이상형에 부합하는 사람은 은근히 많다. 좋아하는 사람을 열거해 보자. 그들이 전부일까? 지구에는 70억여 명이 살고 있다. 내가 모르는 사람들 중에도 이상형에 부합하는 사람이 있을 것이다. 따라서 그 사람들을 모두 열거할 수 없다.

반면에 이상형의 **조건 또는 특징**을 얘기한다면 간단하게 정리할 수 있다. 예를 들어 "성격이 활발한 사람", "예쁘고 착한 사람" 등이 가능하다. "예쁘고 착한 사람"은 내가 만나 본 사람뿐 아니라 내가 만나 보지 못한 사람들까지 포함된다.[3]

조건 활용하기

왜 뜬금없이 조건을 활용하여 대상을 지칭하는 방법에 대해 얘기하는가? 사실 조건을 활용하는 방법에 특별히 어려운 점은 없다. 하지만 수학에서 맥락도 없이 등장하거나 기호 속에 묻혀 있다면 당황할 수도 있다.

예를 들어, 집합을 처음 배울 때 이런 내용을 배운다.

"집합 A와 집합 B가 같다"는 "집합 A가 집합 B에 포함되고, 집합 B가 집합 A에 포함된다"는 의미이다.

$$A = B \iff A \subset B,\ A \supset B$$

---

[3] 어떤 사람들은 이런 이상형의 조건이 수십 가지나 된다. 그렇게 많은 조건을 모두 만족시키기란 무척 어려울 것이다. 예를 들어, "날씬하면서 글래머러스한 여자", "자상하면서 나쁜 남자" 같은 경우를 상상해보자. 참고로 나는 "따뜻한 아이스 커피"를 좋아한다.

근데 이게 도대체 무슨 소리야? 그리고 왜 그래야 하는 거지?

"집합 A와 B가 같다."는 것을 어떻게 확인하는가?(혹은 증명하는가?) 집합은 원소에 의해 결정된다.

$$A = \{3k \mid k = 1, 3\}$$
$$B = \{3^k \mid k = 1, 2\}$$

집합 A와 집합 B는 서로 다른 방식으로 정의되었지만, 동일한 원소를 가지고 있으므로 동일한 집합이다.

원소나열법으로 집합 A와 집합 B를 나타내면 이 두 집합이 동일함을 확인할 수 있다.

$$A = \{3, 9\}$$
$$B = \{3, 9\}$$

이렇게 두 집합이 동일함을 보이려면 두 집합을 원소나열법으로 표시하면 된다. (식은 죽 먹기다.)

원소나열법의 첫 번째 문제: 원소의 개수가 무한히 많을 때

집합의 원소가 많다면, 두 집합이 같다는 것을 확인하는데 시간이 오래 걸리지만 불가능한 것은 아니다. 충분한 시간이 주어진다면 말이다.

하지만 원소의 개수가 무한히 많을 때는 어떠한가? 무한 집합을 원소나열법으로 표시하는 것은 불가능하다. (원소의 개수가 무한히 많은 무한집합이 굉장히 드물다고 생각할 수도 있지만 수학에서는 그렇지 않다. 모든 정수의 집합 $\mathbb{Z}$, 모든 자연수의 집합 $\mathbb{N}$, 모든 실수의 집합 $\mathbb{R}$은 모두 무한 집합이다.)

그렇다면 원소의 개수가 무한히 많은 두 집합 A, B가 동일함을 어떻게 보이는가? 다음을 이용한다.

$$A \subset B, A \supset B \iff A = B$$

우리는 원소나열법을 사용하지 않고도 $A \subset B$나 $A \supset B$를 보일 수 있다. 예를 들어 다음을 보자.

$$A = \{4k \mid k \in \mathbb{Z}\}$$
$$B = \{2k \mid k \in \mathbb{Z}\}$$

$A \subset B$를 보이고 싶다. 하지만 집합 A, B 모두 원소의 개수가 무한하다. 따라서 원소나열법을 사용할 수 없다. 이때 집합 A, B의 원소가 되기 위한 **조건**을 활용할 수 있다. A에 속하는 모든 원소 a는 $a = 4k$를 만족하는 정수 k가 존재한다. 이때 $a = 2(2k)$로 표현하면, $(2k)$가 정수이기 때문에 a는 집합 B의 자격요건 $(2k, k \in \mathbb{Z})$을 만족한다. 따라서 A의 모든 원소는 B의 원소이기도 하다. (수학에서는 $x \in A \Rightarrow x \in B$로 표현한다.) 이렇게 무한 집합의 포함관계는 "조건"을 활용하여 확인할 수 있다.

그리고 두 무한 집합이 같음을 증명하고자 한다면, $A \subset B$, $A \supset B$가 모두 성립함을 보이면 된다. 다음의 두 집합 A, B를 보자.

$$A = \{2k \mid k \in \mathbb{Z}\}$$
$$B = \{2(k+1) \mid k \in \mathbb{Z}\}$$

흔히 변수 k에 $-2, -1, 0, 1, 2$ 등을 대입해 보고, $A = \{\cdots, \mathbf{-2, 0, 2, 4}, 6, \cdots\}$, $B = \{\cdots, -4, \mathbf{-2, 0, 2, 4}, \cdots\}$이므로 $A = B$라고 말할 수 있다고 생각하기 쉽다. 하지만 그렇지 않다. 왜냐하면 집합 A의 조건을 명확하게 표시하지 않으면 $A = \{\cdots, -4, -2, 0, 2, 4, \cdots\}$에서 원소 $-4, -2, 0, 2, 4$ 이외의 나머지 원소들이 어떻게 될지 확신할 수 없기 때문이다. 다음의 집합 C를 보자.

$$C = \{\pm 2^k \mid k \in \mathbb{Z}\}$$

$k = 0, 1, 2$에 해당하는 C의 원소를 구해보면 $(-4, -2, 0, 2, 4)$ A의 원소와 정확히 일치한다. 하지만 그외의 원소는 A와 다르다. 이렇게 무한 집합의 원소 중 일부만을 보고 두 집합이 같다고 말할 수 없다. 다음의 집합 D도 확인해 보자.

$$D = \{\pm a_n \mid a_0 = 0, a_1 = 2, a_{n+2} = a_{n+1} + a_n, n \in \mathbb{N}\}$$

n에 $-2, -1, 0, 1, 2$를 대입해 보자. 그리고 그 이외의 자연수를 대입해 보자.

여기에서 "$A \subset B, A \supset B \Leftrightarrow A = B$"의 의미가 드러난다. 조건제시법으로 정의된 두 무한 집합 A, B가 동일함을 원소나열법으로 확인할 수는 없다.[4] 하지만 두 집합 A, B의 포함관계($A \subset B, A \supset B$)는 집합 A, B의 **조건**을 통해 확인할 수 있다. 예를 들어 다음의 두 집합이 같음을 증명해 보자.

$$A = \{2k \mid k \in \mathbb{Z}\}$$

$$B = \{2(k+1) \mid k \in \mathbb{Z}\}$$

간단하다. $A \subset B, A \supset B$가 모두 성립함을 보이면 된다.[5]

---

[4] 그에 비해 두 무한 집합이 다름을 확인하기 위해서는 한 집합에 속하지만 다른 집합에는 속하지 않은 원소 하나만 찾으면 된다.

[5] $A \subset B$을 간단히 증명해보자. A의 모든 원소는 $2k$이고, $2(k-1+1)$이기도 하다. 여기서 $l = k - 1$라고 하면, $2(k-1+1) = 2(l+1)(l \in \mathbb{Z})$가 된다. 문자$(k, l)$를 제외하면 집합 B와 같은 형태이다. <변수를 활용하기>에서 설명하겠지만, 문자는 무엇을 사용해도 상관없다. (원한다면 a나 b를 사용해도 좋다. $\{2a \mid a \in \mathbb{Z}\} = \{2b \mid b \in \mathbb{Z}\}$.)

원소나열법의 두 번째 문제: 원소를 정확히 특정할 수 없을 때

조건제시법으로 정의된 집합을 원소나열법으로 표기하기 위해서는 조건을 충족하는 모든 원소를 정확히 알아야 한다. (예. $\{x \in \mathbb{R} \mid x^2 = 1\}$ = $\{-1, 1\}$) 하지만 조건을 충족하는 원소를 알아내기 힘든 경우도 있다. 예를 들어 $D = \{x \in \mathbb{R} \mid x^4 + 3x^3 - x - 2 = 0\}$ 의 원소는 방정식 $x^4 + 3x^3 - x - 2 = 0$의 실근이다. $y = x^4 + 3x^3 - x - 2$의 그래프를 그려보면 아래의 그래프와 같으므로, 두 실근이 존재한다는 사실을 알 수 있지만, 정확한 값을 구하기는 쉽지 않다. (실근은 $x^4 + 3x^3 - x - 2$의 그래프가 x-축과 만나는 점의 x-좌표이다.)

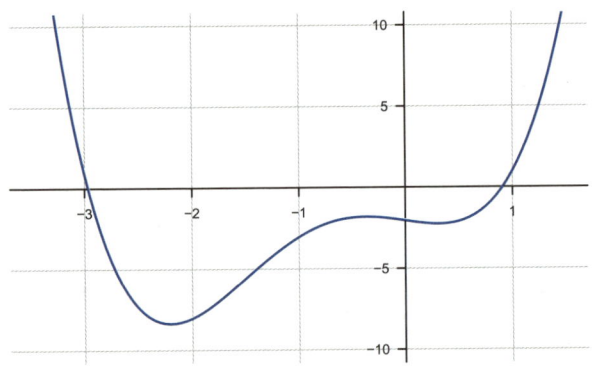

이때 $E = \{x \in \mathbb{R} \mid (x-1)(x^4 + 3x^3 - x - 2) = 0\}$ 와의 포함관계를 생각해보자. D의 모든 원소는 E의 원소가 된다. 왜냐하면,

$$x^4 + 3x^3 - x - 2 = 0 \Rightarrow (x-1)(x^4 + 3x^3 - x - 2) = 0.$$

$x^4 + 3x^3 - x - 2 = 0$를 만족하는 모든 x 값을 생각해보자. 그 값을 쉽게 알 순 없지만, 그 모든 값에 대해 $(x-1)(x^4 + 3x^3 - x - 2)$는 0이 된다.[6] 따라서 D의 원소 혹은 E의 원소가 구체적으로 무엇인지 모르지만 $D \subset E$가 된다. 이렇게 유한 집합인 경우에도, 원소를 구체적으로 모를 때, 두 집합의 포함관계를 밝히는 데 조건이 중요한 역할을 할 수 있다.

---

[6] $x - 1$의 값이 정확히 어떤 값인지 신경쓸 필요가 없다. $(x^4 + 3x^3 - x - 2)$가 0이라면, $(x-1)$의 값에 관계없이 $(x-1)(x^4 + 3x^3 - x - 2)$는 0이 된다.

도대체 $\sqrt{2}$는 무엇인가?

조건 활용하기

피타고라스 정리는 양변의 길이가 1인 직각삼각형은 빗변의 길이를 제곱하면 2가 되어야 함을 알려준다. 그렇다면 그 길이, 즉 $\sqrt{2}$는 어떤 수인가?

연구 결과 $\sqrt{2}$가 유리수(분모와 분자가 정수인 분수로 표기 가능한 수)가 아니라는 사실을 알 수 있었다. 그런데 어떻게 그것을 알았을까?

특정한 유리수가 있을 때, 그것이 $\sqrt{2}$가 아님을 보이는 것은 쉽다. 예를 들어 $\frac{7}{5}$이 $\sqrt{2}$가 될 수 있지 않을까? (다시 말해 $\frac{7}{5}$을 제곱하면 2가 되는가? 그리고 $\frac{7}{5}$는 양수인가?) 우선 양수이다. 하지만 제곱을 해보자.

$$\left(\frac{7}{5}\right)^2 = \frac{49}{25} = 1.96$$

2가 아니다. 안타깝지만 탈락이다.

다른 유리수는 어떨까? 여러 가지 유리수를 계속 시도하다 보면 언젠가 $\sqrt{2}$를 찾을 수 있지 않을까? 혹시 모르지. 하지만 이미 기원전에 유클리드는 $\sqrt{2}$가 유리수가 아님을 증명하였다. 어떻게? 가능한 모든 유리수를 제곱한 것은 아닐 것이다. (그 누구도 모든 유리수를 제곱할 시간과 체력은 없다!)

"조건의 유용성"을 상기해보자(<많은 수를 지칭하기: 조건> 참조). 뭔가 무수히 많은 것을 다루는 한 가지 방법은 조건을 활용하는 것이다.

예를 들어 어떤 유리수를 $\frac{p}{q}$ ($p \in \mathbb{Z}, q \in \mathbb{Z}, q \neq 0$)로 표현했을 때, p와 q는 2의 배수이거나 2의 배수가 아니다. 따라서 K, L을 정수라고 했을 때, p, q는 다음의 네 가지 중의 하나일 것이다.

- $p = 2K,\quad q = 2L$
- $p = 2K + 1,\quad q = 2L$
- $p = 2K,\quad q = 2L + 1$
- $p = 2K + 1,\quad q = 2L + 1$

그리고 $\frac{p}{q}$를 (분모와 분자에 공통약수가 존재하지 않는) 기약분수라고 한다면 첫 번째 경우는 생각하지 않아도 된다.

이제 두 번째, 세 번째, 네 번째 조건에서 $\frac{p}{q}$가 $\sqrt{2}$를 나타낼 수 있는지 살펴보자. (다음의 내용을 이해하기가 조금 버겁다면 <**방정식**> 부분을 읽은 후에 다시 읽어보자.)

두 번째 경우에 $p = 2K + 1, q = 2L$이다. 따라서 다음과 같이 쓸 수 있다.

$$\left(\frac{2K+1}{2L}\right)^2 = 2$$

$(2K+1)^2 = 2(2L)^2$ 양변에 $(2L)^2$을 곱한다($(2L)^2 \neq 0$).

도대체 $\sqrt{2}$는 무엇인가?

$$4K^2 + 4K + 1 = 8L^2 \qquad \text{양변을 각각 전개한다.}$$

K, L이 모두 정수이므로 좌변은 홀수이다.

$$4K^2 + 4K + 1 = \mathbf{2}(2K^2 + 2K) \mathbf{+1}.$$

하지만 우변은 짝수이다. $8L^2 = \mathbf{2}(4L^2) \mathbf{+0}$. 등식이 성립할 수 없다. 정리하자면, $p = 2K+1, q = 2L$이라면 $\frac{p}{q} = \sqrt{2}$가 되기 위해서는 $4K^2 + 4K + 1 = 8L^2$가 되어야 하는데, $4K^2 + 4K + 1$는 홀수이고, $8L^2$는 짝수이므로, 불가능하다. **p가 홀수이고, q가 짝수일 때, $\frac{p}{q}$는 $\sqrt{2}$가 될 수 없다!**

세 번째 경우에 $p = 2K, q = 2L + 1$이다. 따라서,

$$(2K)^2 = 2(2L+1)^2 \iff 4K^2 = 8L^2 + 8L + 2$$

엇, 이번에는 둘 다 짝수인데? **하지만 둘 다 짝수이다!**(공통점에 주목하자.) 양변에 공통적으로 존재하는 인수 **2**에 주목하자.

$$4K^2 = 8L^2 + 8L + 2 \iff \mathbf{2}(2K^2) = \mathbf{2}(4L^2 + 4L + 1)$$

$4K^2 = 8L^2 + 8L + 2$에서 반복되는 **2**를 없애주면 $2K^2 = 4L^2 + 4L + 1$이 된다. 결국 $p = 2K, q = 2L + 1$일 때, $\frac{p}{q}$를 제곱해서 2가 되려면, $2K^2 = 4L^2 + 4L + 1$가 되어야 하는데, 좌변은 짝수이고, 우변은 홀수이므로, 불가능하다!

마지막 네 번째 경우를 보자.

$$\left(\frac{2K+1}{2L+1}\right)^2 = 2 \Rightarrow (2K+1)^2 = 2(2L+1)^2$$

$$\Rightarrow 4K^2 + 4K + 1 = 8L^2 + 8L + 2$$

좌변은 홀수인데, 우변은 짝수이므로 불가능하다.

앞의 논리 전개를 정리해보자. $\frac{p}{q}$에서 p, q가 모두 정수일 때, p, q는 2의 배수이거나 2의 배수가 아니다. 만약 p, q가 모두 2의 배수라면, p, q를 적어도 하나가 2의 배수가 아니게 고쳐 쓸 수 있다(분모와 분자를 모두 2로 나눈다). 그리고 나머지 모든 경우에 $\frac{p}{q}$를 제곱해서 2로 만들 수 없다. 따라서 $p, q(q \neq 0)$가 정수일 때 $\frac{p}{q}$는 $\sqrt{2}$가 될 수 없다.

대범한 시도

앞에서 $\frac{q}{p}$(q : 정수, p : 0이 아닌 정수)가 $\sqrt{2}$가 될 수 없음을 보이기 위해 p, q가 각각 **홀수** 혹은 **짝수**라는 조건을 주고, 각 조건에서 $\frac{q}{p}$는 $\sqrt{2}$가 될 수 없음을 보였다.

이제 대범한 시도를 한다.

힘들게 p, q를 **홀수**와 **짝수**로 나눠서 생각할 필요가 있을까? 그냥 $\frac{q}{p}$에서 q가 **정수**이고, p가 0이 아닌 **정수**라고 놓으면 안 될까? 한 번에 결론을 내는 거지. 하지만 그게 가능할까? 어떻게 생각하는가?

"넌 절대로 아니야!"라고 에둘러 말하기

세상에서 가장 인기가 있다고 생각하는 친구가 있다. 하지만 내가 보기엔 글쎄다. 그래서 이렇게 말했다.

나 : "네가 정말 가장 인기가 있다면, 하루에 편지를 10통 이상은 받아야 해."

나는 속으로 이렇게 말한다. (하루에 편지를 10통 이상 받지 못하고 있으니 가장 인기있는 사람이 아니야.)

인기남 : "그래? 나는 어제도 14통의 편지를 받았는데."

나 : "네가 정말로 인기가 최고라면, 생일에 선물을 100개 이상은 받아야 해."

(아무리 그래도 네가 생일 선물을 100개 이상 받진 않겠지.)

인기남 : "지난 생일에 선물을 107개 받았어."

나 : "네가 정말 누구보다 인기가 있다면 TV에 나오지 않겠어?"

나는 점점 어렵고 까다로운 조건을 들어 인기남의 주장("내가 최고의 인기남이다")이 틀렸음을 보이려고 한다. 하지만 인기남은 의외로 까다로운 조건들을 많이 갖추고 있었다. 그렇다면 최후의 일격은 무엇일까? 말하자면 그 누구도 충족할 수 없는 조건을 제시한다면?

나 : "네가 정말 최고의 인기남이라면, 너는 최고의 인기남이 아니야!"

인기남 : "응?"

귀류법

수학에서 인기 높은 방법의 하나는 바로 이런 식이다.

"A라면, A가 아니다. 따라서 A는 존재하지 않는다."

잠시 멈칫했겠지만, 천천히 생각하면 그리 어렵지도 않다. A이면서 A가 아닌 것은 없으니까.

따라서 어떻게 보면 당연하다. 여기를 약간 변형해보자.

"A이고 B라면, A가 아니다."

무슨 주장을 하고 싶은 걸까? 문장이 구체적이지 않고, 형식적이라서 어렵게 느껴질 수도 있겠지만, 사실 이런 형식은 일상에서도 자주 쓰인다. 예를 들어보자.

"네가 인기남인데 혼자 생일을 보낸다면 인기남이라고 할 수 없지!"

무슨 말인가? 인기남이면서 혼자 생일을 보내는 사람은 없다는 의미이다.

"유명한 스포츠 선수라면서 파파라치도 따라오지 않는다면, 유명한 스포츠 선수라고 할 수 없지."

이것을 조금만 변형시켜보자.

"유명한 스포츠 선수이고 파파라치가 따라붙지 않는다면, 유명한 스포츠 선수가 아니다."

"A이고 B라면, A가 아니다."와 같은 꼴이 아닌가! 말하자면, "유명한 스포츠 선수이면서 파파라치가 따라붙지 않는 사람은 없다(존재하지 않는다)."

이제 $\frac{p}{q}$(p : 정수, q : 0이 아닌 정수)가 $\sqrt{2}$가 될 수 없음을 보이자.

"$p, q(\neq 0)$가 서로소인 정수이고 $\frac{p}{q} = \sqrt{2}$ 라면, p, q는 서로소가 아니다." 이 말을 풀어쓰면 다음과 같다. $p, q(\neq 0)$가 서로소인 정수이고 $\frac{p}{q} = \sqrt{2}$를 만족하는 p, q는 존재하지 않는다.

패턴을 잘 익히자.

"A이고 B라면, A가 아니다."

그리고 여기서 신의 한 수(절묘한 방법)는 유리수를 $\frac{p}{q}$(p, q: 서로소인 정수, $q \neq 0$)로 나타낸 것이다. 사실 p, q가 서로소이든 아니든 정수라면 $\frac{p}{q}$는 모두 유리수를 나타낸다. 하지만 p, q가 서로소라는 조건으로 손쉽게 유리수이면서 $\sqrt{2}$가 존재하지 않음을 증명할 수 있게 된다. 다음을 보자.

$p, q(\neq 0)$가 서로소인 정수이고 $\frac{p}{q} = \sqrt{2}$ 라면 $\left(\frac{p}{q}\right)^2 = 2$ 이고, $p^2 = 2q^2$ 이고, 따라서 p^2는 **2**의 배수여야 한다 ($p^2 = 2q^2$, q^2는 정수). p^2이 **2**의 배수가 되기 위해서는 p도 역시 **2**의 배수여야 한다.[7]

---

[7] 귀납법을 이용해 볼 수도 있다. 만약 p^2이 2의 배수이고, p가 홀수라고 가정

> **p^2이 2의 배수라면 p 역시 2의 배수인 이유**
>
> p가 홀수라고 가정해보자. p^2은 홀수가 된다. (따라서 p^2가 짝수라면, p가 홀수일 리 만무하지 않는가?)
> $p = 2K+1$, K는 정수
> $\Rightarrow p^2 = (2K+1)^2 = 4K^2+4K+1 = 2(K^2+K)+1$, $(2(K^2+K))$는 정수

p가 **2**의 배수라면 p^2은 4의 배수이고, $p^2 = 2q^2$은 $4L = 2q^2 (L : 정수)$로 나타낼 수 있다. 양변을 2로 나누면 $2L = q^2$이고 q도 **2**의 배수가 되어야 한다. 따라서 q도 **2**의 배수이다.

그렇다면 p와 q가 모두 2의 배수가 되어야 한다! 다시 말해서 p와 q는 서로소가 아니다. 요약하면 다음과 같다.

"p와 $q(\neq 0)$가 서로소이고 $\frac{p}{q} = \sqrt{2}$라면 p와 $q(\neq 0)$는 서로소가 아니다." 다시 말하자면, p와 $q(\neq 0)$가 서로소이고 $\frac{p}{q} = \sqrt{2}$를 만족하는 p, q가 존재하지 않는다!

해보자. 만약 p가 홀수라면, p^2 역시 홀수가 된다.

$$(2K+1)^2 = 4K^2 + 4K + 1 = 2(2K^2 + 2K) + 1$$

따라서 p^2이 2의 배수이고, p가 홀수라면, p^2은 2의 배수가 아니다(홀수이다). p^2이 2의 배수이고, p가 홀수일 수는 없다.

허수 i의 출현

다시 한번 생각해보자. 무엇이 대범한 시도였는가?

$\sqrt{2}$를 $\dfrac{p}{q}$(p, q는 서로소이며, $q \neq 0$)라고 놓는다. **그리고 어떤 일이 일어나는지 논리적으로 따져본다.** 이런 방식은 수학에서 자주 쓰인다.

예를 들어, "$i^2 = -1$"라고 놓고 보자. (i를 제곱하면 -1이 되는 수라고 놓고 보자.)

혹은 "$z = \dfrac{1}{0}$"이라고 해 보자.

이 두 시도는 어떤 결론을 맞이했을까?

(−1) × (−1)은 왜 1인가?

곱셈의 의미를 다시 생각해보자. 5 × 3은 5를 3번 더한 결과 또는 3을 5번 더한 결과로 볼 수 있다.

$$5 \times 3 = 5 + 5 + 5 = 3 + 3 + 3 + 3 + 3 = 15$$

(−2) × 3은 (−2)를 세 번 더한 결과로 생각할 수 있다.

$$(-2) \times 3 = (-2) + (-2) + (-2) = -6$$

하지만 (−2) × (−2)는 무엇일까? (−2)를 (−2)번 더한다? 앞에서 설명한 곱셈의 의미로는 그 값을 결정하기 힘들다. 그렇다면 다른 방법이 있을까?

(−2) × 3의 값은 −6이고, (−2) × (−2)는 아직 값을 모른다.

아는 것과 모르는 것을 연결해보자.

$$
\begin{array}{rcrcr}
(-2) & \times & 3 & = & -6 \\
(-2) & \times & 2 & = & -4 \\
(-2) & \times & 1 & = & -2 \\
(-2) & \times & 0 & = & 0 \\
(-2) & \times & (-1) & = & \\
(-2) & \times & (-2) & = & \\
\end{array}
$$

3은 2, 1, 0, −1을 거쳐 −2가 된다. 그리고 우변의 값을 보면 패턴이 보인다. −6, −4, −2, 0. 이 패턴을 이어나가면 (−2)×(−1)과 (−2)×(−2)는 2, 4가 되어야 할 것이다. 실제로 수학에서는 이런 식으로 "음수 곱하기 음수"를 계산한다. 음수 곱하기 음수는 양수가 된다.

1을 0으로 나누면?

1을 0으로 나누기 전에 나눗셈의 의미도 다시 생각해보자. $\frac{10}{2}$는 '2를 몇 번 더해야 10이 되느냐' 또는 '2에 얼마를 곱해야 10가 되느냐'로 생각할 수 있다. $10 = 2 \times 5 = 2+2+2+2+2$이므로 $\frac{10}{2}$는 5가 된다. 이런 식으로 생각하면 $\frac{1}{0}$은 1이 되기 위해 0을 몇 번 더해야 하느냐 또는 0에 얼마를 곱해야 1이 되느냐가 된다. 하지만 0을 아무리 많이 더해도 1이 되지 않는다. 0은 어떤 수를 곱해도 0이다.

앞에서 사용한 패턴을 이용해보자. $\frac{10}{2} = 5$이고, $\frac{10}{0}$은 아직 모른다. 이 둘을 연결해보자.

$$\frac{10}{2} = 5$$

$$\frac{10}{1} = 10$$

$$\frac{10}{0.1} = 100$$

$$\frac{10}{0.001} = 1000$$

이렇게 $\frac{10}{2}, \frac{10}{1}, \frac{10}{0.1}, \frac{10}{0.01}, \frac{10}{0.001}, \cdots$를 구해보면, 그 값은 5, 10, 100, 1000으로 계속 커진다. 그렇다면 이런 패턴을 통해 $\frac{10}{0}$을 무한대(∞)라고 놓을 수 있을 것 같다. 그런데 누군가 이렇게 외쳤다. "$\frac{10}{-2} = -5$에서 시작해

봐!" 어려울 것은 없다.

$$\frac{10}{-2} = -5$$

$$\frac{10}{-1} = -10$$

$$\frac{10}{-0.1} = -100$$

$$\frac{10}{-0.001} = -1000$$

이렇게 $\frac{10}{-2}$, $\frac{10}{-1}$, $\frac{10}{-0.1}$, $\frac{10}{-0.01}$, $\frac{10}{-0.001}$, …를 구해보니, 그 값은 −5, −10, −100, −1000으로 점점 더 작아진다. 따라서 이런 패턴을 그대로 유지한다면 $\frac{10}{0}$ 은 음의 무한대($-\infty$)가 되어야 할 것이다.

그렇다면 $\frac{10}{0}$ 은 양의 무한대인가? 음의 무한대인가? 결정할 수 없다!

제곱근을 포함한 두 수의 대소 비교 1

앞에서 제곱근 기호($\sqrt{}$)를 포함하는 두 수를 비교하는 법에 대해 알아보았다. 다시 한번 $\sqrt{17}$과 $3\sqrt{2}$의 대소를 비교하는 방법을 알아보자.

첫 번째 방법은 두 수를 모두 소수로 나타내는 것이다. $\sqrt{17} = 4.123\cdots$ 이고 $\sqrt{2} \fallingdotseq 1.414$라고 했을 때, $3\sqrt{2} \fallingdotseq 3 \times 1.414 = 4.242$이므로 $\sqrt{17} < 3\sqrt{2}$을 알 수 있다.

문제는 $\sqrt{17}$를 소수로 나타내기가 어렵다는 점이다. $\sqrt{17}$를 소수로 바꿔 쓰지 않고도 $3\sqrt{2}$와 크기를 비교할 수 있다면 좋을 것이다. 한 가지 방법은 두 수를 모두 제곱하는 것이다.

$$\left(\sqrt{17}\right)^2 = 17$$
$$\left(3\sqrt{2}\right)^2 = 3\sqrt{2} \times 3\sqrt{2} = 3 \times 3 \times \sqrt{2} \times \sqrt{2} = 18$$

$3\sqrt{2}$의 제곱은 곱셈의 경우 순서를 바꿔도 결과가 동일하다는 성질과 $\sqrt{2}$를 제곱하면 2라는 사실을 활용하면 $\sqrt{2}$를 소수로 표기할 필요없이 구할 수 있다. 그리고 $17 < 18$. 따라서 $\sqrt{17} < 3\sqrt{2}$이다.

두 수를 제곱한다는 것은 두 수를 모두 $\sqrt{\square}$의 형태로 만들어 주는 것으로 생각할 수 있다. $\sqrt{17} = \sqrt{\left(\sqrt{17}\right)^2}$이고 $3\sqrt{2} = \sqrt{\left(3\sqrt{2}\right)^2} = \sqrt{18}$이다. 다음의 두 수에 대해 대소를 비교해 보자.

- $2\sqrt{2}$, $\dfrac{\sqrt{34}}{2}$

- $\dfrac{5}{\sqrt{3}}$, 3

- $\dfrac{2}{\sqrt{15}}$, $\dfrac{1}{\sqrt{5}}$

- $\sqrt{3}+1$, $\dfrac{6}{\sqrt{7}}$

어떤 수는 분모에 제곱근이 있기도 하지만 $\dfrac{1}{\sqrt{2}} = \sqrt{\dfrac{1}{2}}$를 안다면 크게 어려운 점은 없을 것이다.[8] 마지막 문제는 조금 까다로울 수 있다. 일단 제곱을 해보자.

$$(\sqrt{3}+1)^2 = 3 + 2\sqrt{3} + 1 = 4 + 2\sqrt{3}$$

$$\left(\dfrac{6}{\sqrt{7}}\right)^2 = \dfrac{36}{7}$$

이제 두 수 $4 + 2\sqrt{3}$과 $\dfrac{36}{7}$를 비교해야 한다. 아무 생각없이 다시 한번 더

---

[8] $\dfrac{1}{\sqrt{2}}$과 $\sqrt{\dfrac{1}{2}}$를 모두 제곱해보자. (**곱셈의 일반적인 성질을 활용할 줄 알아야 한다.** $\sqrt{\square}^2 = \square$, $\left(\dfrac{\triangle}{\square}\right)^2 = \dfrac{\triangle^2}{\square^2}$.)

$$\left(\dfrac{1}{\sqrt{2}}\right)^2 = \dfrac{1^2}{(\sqrt{2})^2} = \dfrac{1}{2}$$

$$\left(\sqrt{\dfrac{1}{2}}\right)^2 = \dfrac{1}{2}$$

그리고 두 수는 모두 양수인가?

두 수를 제곱하기 전에 잠시 멈추자. 앞에서 제곱을 했던 이유는 제곱을 해서 제곱근 표시 ($\sqrt{\ }$)가 사라졌기 때문이다. 하지만 $4+2\sqrt{3}$을 제곱해도 여전히 $\sqrt{\ }$는 사라지지 않는다.

$4+2\sqrt{3}$과 $\dfrac{36}{7}$을 좀 더 자세히 비교해보자.

무엇이 같고, 무엇이 다른가?

공통점을 찾을 순 없겠는가? 공통점을 만들어낼 순 없겠는가?

$\dfrac{25}{7}$는 $4+\dfrac{8}{7}$이다. 따라서 $4+2\sqrt{3}$과 $\dfrac{36}{7}$를 비교하는 것은 **$4+2\sqrt{3}$과 $4+\dfrac{8}{7}$**를 비교하는 것이다. 두 수에 공통적인 **4+**를 제외하면 결국 $2\sqrt{3}$과 $\dfrac{8}{7}$를 비교하면 된다! (<**부등식**>을 참조하자.)

기억하자. **제곱근이 포함된 수를 비교할 때 중요한 것은 단지 제곱하는 것이 아니라, 제곱을 해서 제곱근 기호가 사라지고, 정수 또는 유리수의 대소 비교가 되어야 한다.**

마지막으로 다음 두 수의 대소를 비교해 보자.

$$\sqrt{7}-\sqrt{3}, \quad 1$$

아쉽게도 공통점이 그리 많지 않아 보인다. 이럴 때에는 이것저것 시도해 보는 수밖에 없다. 예를 들어 제곱을 해본다.

$$(\sqrt{7} - \sqrt{3})^2 = 7 + 3 - 2\sqrt{21}$$

$$1^2 = 1$$

$\sqrt{7} - \sqrt{3}$를 제곱하니 두 개의 제곱근이 하나로 줄었다! 나름 괜찮다. 이제 두 수($10 - 2\sqrt{21}$과 1)의 대소를 비교하면 된다. 위에서 하지 않았는가?

$$\mathbf{10 - 2\sqrt{21}, \quad 1 = 10 - 9}$$

따라서 -9와 $-2\sqrt{21}$의 대소를 비교하자. 두 수를 제곱하면,

$$(-2\sqrt{21})^2 = 84,$$

$$(-9)^2 = 81.$$

음수의 경우에는 제곱한 값이 클수록 작은 수이므로, $-2\sqrt{21} < -9$(**<미지수가 하나인 1차 부등식의 해법>** 참조).

제곱근을 포함한 두 수의 대소 비교 2

다음의 두 수의 대소를 비교해 보자.

$$\frac{1}{\sqrt{2}-1}, \quad \sqrt{7}$$

가장 쉽게 생각할 수 있는 방법은 두 수를 모두 제곱하는 것이다. 하지만 $\frac{1}{\sqrt{2}-1}$ 는 **제곱**을 해도 **제곱근**이 분모에 남아 있음을 알 수 있다.

$$\left(\frac{1}{\sqrt{2}-1}\right)^2 = \frac{1}{3-2\sqrt{2}}$$

그리고 제곱을 몇 번 더 해봐도 마찬가지이다.

그런데 다시 보면 $\frac{1}{\sqrt{2}-1}$ 는 분수이다. 앞에서 분수의 대소를 어떻게 비교했는지 상기해보자. **분모를 통일한다!**

$$\sqrt{7} = \frac{\sqrt{7}}{1} = \frac{\sqrt{7}(\sqrt{2}-1)}{\sqrt{2}-1} = \frac{\sqrt{14}-\sqrt{7}}{\sqrt{2}-1}$$

따라서 1과 $\sqrt{14}-\sqrt{7}$ 을 비교하면 된다.

제곱근을 포함한 두 수의 대소 비교 3

피타고라스 정리를 통해 유리수가 아닌(정수를 분자, 분모로 하는 분수가 아닌) $\sqrt{2}$를 얻었다. 이때 우리가 $\sqrt{2}$에 대해 수학적으로 연구하고, 활용하는 방법은 무엇인가?

더하고, 빼고, 곱하고, 나눠본다. 제곱을 하고, 제곱근을 구해본다. 이때 유리수를 더할 수도 있고, 무리수를 더할 수도 있다. 일단 다음의 연산을 해보자. $\sqrt{2}$에 3을 더하고, 빼고, 곱하고, 나눈다.

$$\sqrt{2}+3, \quad \sqrt{2}-3, \quad \sqrt{2}\times 3, \quad \frac{\sqrt{2}}{3}$$

순서를 바꿀 수도 있다.

$$3+\sqrt{2}, \quad 3-\sqrt{2}, \quad 3\sqrt{2}, \quad \frac{3}{\sqrt{2}}$$

그리고 무리수끼리 연산을 한다면 다음의 식을 생각해 볼 수 있다.

$$\sqrt{2}+\sqrt{3}, \quad \sqrt{2}-\sqrt{3}, \quad \sqrt{2}\sqrt{3}, \quad \frac{\sqrt{2}}{\sqrt{3}}$$

그리고 이들 사이의 대소를 확인하려면 앞에서 사용한 방법을 활용하면 된다. 두 수를 모두 제곱하거나(두 수를 모두 $\sqrt{\square}$의 꼴로 나타내거나),

공통점을 찾아내서 두 수를 간단하게 만든다(예. $2+\sqrt{3}$, $1+\sqrt{5}$를 $\mathbf{1}+1+\sqrt{3}$, $\mathbf{1}+\sqrt{5}$로 나타낸다).

그리고 그 방법을 통해 $\sqrt{2}\sqrt{3}$과 $\sqrt{6}$을 비교하면, 두 수가 같음을 알 수 있고, $\frac{\sqrt{2}}{\sqrt{3}}$과 $\sqrt{\frac{2}{3}}$를 비교하면, 두 수가 같다는 것을 알 수 있다. **한마디로 두 수는 모두 양수이고, 제곱한 값이 같다.**

그렇다면 다음의 두 수를 비교해보자.

$$1+\sqrt{2}, \quad \sqrt{3+2\sqrt{2}}$$

두 번째 수는 복잡해 보인다. 3에 2의 양의 제곱근을 두 배해서 더한다. 그리고 그 결과의 양의 제곱근을 구한다. 그 값을 구하려면 무척 힘들 것 것 같다. 하지만 대소를 비교하는 것은 그리 어렵지 않을 수도 있다. 두 수를 모두 제곱해 보자.

$$(1+\sqrt{2})^2 = 1^2 + \left(\sqrt{2}\right)^2 + 2\sqrt{2} = \mathbf{3+2\sqrt{2}}$$
$$\left(\sqrt{3+2\sqrt{2}}\right)^2 = \mathbf{3+2\sqrt{2}}$$

이런, 두 수가 같다! $1+\sqrt{2} = \sqrt{3+2\sqrt{2}}$. $1+\sqrt{2}$는 $\sqrt{3+2\sqrt{2}}$로 써도 되고, $\sqrt{3+2\sqrt{2}}$는 $1+\sqrt{2}$로 바꿔 쓸 수 있다. 그렇다면 어떻게 쓰는 것이 간단해 보이는가?

다음의 두 수를 비교해 보자.

$$2+\sqrt{14+6\sqrt{5}}, \quad 5+\sqrt{5}$$

두 수를 비교할 때 가장 큰 장애물은 무엇인가? 두 수에서 어떤 공통점을 찾을 수 있는가?

$$\mathbf{2}+\sqrt{14+6\sqrt{5}}, \quad \mathbf{2}+3+\sqrt{5}$$

따라서 $\sqrt{14+6\sqrt{5}}$와 $3+\sqrt{5}$를 비교하면 된다. 양쪽을 제곱하면 두 수는 같다는 것을 알 수 있다.

$1+\sqrt{2}=\sqrt{3+2\sqrt{2}}$이고, $3+\sqrt{5}=\sqrt{14+6\sqrt{5}}$을 보면 이중근호(근호 속의 근호)가 있을 때, 이중근호를 없앨 수도 있다는 것을 알 수 있다. 이를 확인하는 방법은 두 수를 모두 제곱하는 것이다.

> $a>0, b>0$일 때, $\sqrt{a+b+2\sqrt{ab}}=\sqrt{a}+\sqrt{b}$
>
> $a>0, b>0$일 때,
> 1. $\sqrt{a}+\sqrt{b}$를 제곱하면 $a+b+2\sqrt{ab}$이고,
> $\sqrt{a+b+2\sqrt{ab}}$도 제곱하면 $a+b+2\sqrt{ab}$이다.
> 2. $\sqrt{a}+\sqrt{b}$와 $\sqrt{a+b+2\sqrt{ab}}$는 모두 양수이다.
>
> 따라서 $\sqrt{a+b+2\sqrt{ab}}=\sqrt{a}+\sqrt{b}$.

$\sqrt{14+6\sqrt{5}}$의 이중 근호를 벗기려면, $\sqrt{14+2\times 3\times\sqrt{5}}$으로 나타낸다. 그리고 $\sqrt{14+2\times 3\times\sqrt{5}}=\sqrt{14+2\sqrt{3^2 5}}$에서 $\sqrt{a+b+2\sqrt{ab}}$와

비교한다. a, b가 양의 정수라면 $ab = 3^2 5$를 만족하기 위해서는 다음의 가능성밖에 없다.

a	b
$3^2 \cdot 5$	1
$3 \cdot 5$	3
3^2	5
5	3^2
3	$3 \cdot 5$
1	$3^2 \cdot 5$

이들 중에서 $a + b = 14$인 경우를 찾으면 $\sqrt{14 + 2\sqrt{3^2 5}} = \sqrt{3^2} + \sqrt{5}$임을 확인할 수 있다.

$\dfrac{1}{\sqrt{2}-1}$과 $\sqrt{2}+1$을 비교해보자. 분모를 통일하면,

$$\frac{(\sqrt{2}+1)(\sqrt{2}-1)}{\sqrt{2}-1} = \frac{1}{\sqrt{2}-1}.$$

$\dfrac{1}{\sqrt{2}-1}$과 $\sqrt{2}+1$는 같은 수였다! $\dfrac{1}{\sqrt{2}-1}$를 $\sqrt{2}+1$로 나타내도 되고, $\sqrt{2}+1$를 $\dfrac{1}{\sqrt{2}-1}$로 나타내도 된다는 의미이다.

$\dfrac{1}{\sqrt{3}+1}$과 $\dfrac{\sqrt{3}}{2} - \dfrac{1}{2}$을 비교해보자. 분모를 통일해서 비교해보면,

$$\frac{\sqrt{3}}{2} - \frac{1}{2} = \frac{\sqrt{3}-1}{2} = \frac{(\sqrt{3}-1)(\sqrt{3}+1)}{2(\sqrt{3}+1)}$$

$$= \frac{3-1}{2(\sqrt{3}+1)} = \frac{2}{2(\sqrt{3}+1)} = \frac{1}{\sqrt{3}+1}.$$

따라서 이 두 수도 같다. 그렇다면 $\frac{1}{\sqrt{3}+1}$ 역시 $\frac{\sqrt{3}}{2} - \frac{1}{2}$ 로 쓸 수도 있고, $\frac{\sqrt{3}}{2} - \frac{1}{2}$ 을 $\frac{1}{\sqrt{3}+1}$ 로 쓸 수도 있다.

어느 쪽으로 쓰는 게 좋을까?

$\frac{1}{\sqrt{2}-1}$ 에 $+1, +3\sqrt{2}, +\frac{1}{\sqrt{3}+1}$ 를 해보자.

$$\frac{1}{\sqrt{2}-1} + 1 = \frac{1+\sqrt{2}-1}{\sqrt{2}-1} = \frac{\sqrt{2}}{\sqrt{2}-1}.$$

$$\frac{1}{\sqrt{2}-1} + 3\sqrt{2} = \frac{1+3\sqrt{2}(\sqrt{2}-1)}{\sqrt{2}-1} = \frac{1+6-3\sqrt{2}}{\sqrt{2}-1} = \frac{7-3\sqrt{2}}{\sqrt{2}-1}.$$

$$\frac{1}{\sqrt{2}-1} + \frac{1}{\sqrt{3}+1} = \frac{\sqrt{3}+1+\sqrt{2}-1}{(\sqrt{2}-1)(\sqrt{3}+1)} = \frac{\sqrt{3}+\sqrt{2}}{(\sqrt{2}-1)(\sqrt{3}+1)}$$
$$= \frac{\sqrt{3}+\sqrt{2}}{\sqrt{6}-\sqrt{3}+\sqrt{2}-1}.$$

반면에 $\sqrt{2}+1$ 에 $+1, +3\sqrt{2}, +\frac{\sqrt{3}}{2} - \frac{1}{2}$ 을 해보자.

$$\sqrt{2}+1+1 = \sqrt{2}+2.$$

$$\sqrt{2}+1+3\sqrt{2} = 4\sqrt{2}+1.$$

$$\sqrt{2}+1+\frac{\sqrt{3}}{2}-\frac{1}{2} = \frac{2\sqrt{2}+\sqrt{3}+1}{2}.$$

어느 쪽을 선택할 것인가? 아직도 잘 모르겠다면 다음을 풀어보자.

$$\frac{1}{\sqrt{2}+\sqrt{3}} + \frac{2}{\sqrt{2}-1} - \frac{1}{\sqrt{2}+2} + \frac{2}{\sqrt{2}-2\sqrt{3}} + \frac{2}{\sqrt{3}-1}$$

분모가 모두 제각각이라 분모를 통일하려면 꽤나 복잡해질 것이다. 하지만 위의 각 분수에 대해 분모를 유리화하면 다음과 같다.

$$(\sqrt{3}-\sqrt{2})+\left(2\sqrt{2}+2\right)-\left(\frac{2-\sqrt{2}}{2}\right)+\left(\frac{2\sqrt{3}+\sqrt{2}}{5}\right)+\left(\sqrt{3}+1\right)$$

분모의 유리화

이렇게 분모에 $\sqrt{2}$와 같은 무리수가 포함되어 있을 때, 분모가 유리수가 되도록 바꿔주는 것을 "**분모의 유리화**"라고 한다. 앞에서 봤듯이 분모를 유리화하면 공통점을 활용하기 쉽다.

$$\frac{1}{\sqrt{2}+\sqrt{3}} = \sqrt{3}-\sqrt{2}$$

$$\frac{2}{\sqrt{2}-1} = 2\sqrt{2}+2$$

$$\frac{1}{\sqrt{2}+2} = \frac{1}{2}\left(2-\sqrt{2}\right) = 1-\frac{1}{2}\sqrt{2}$$

$$\frac{2}{\sqrt{2}-2\sqrt{3}} = \frac{2\sqrt{3}+\sqrt{2}}{5} = \frac{2}{5}\sqrt{3}+\frac{1}{5}\sqrt{2}$$

$$\frac{2}{\sqrt{3}-1} = \sqrt{3}+1$$

사실 좌변의 분모에도 $\sqrt{2}$와 $\sqrt{3}$이 반복되어 등장한다. 하지만 그 **공통요소를 활용하기가 어렵다.** 반면에 우변의 경우에는 덧셈과 뺄셈을 쉽게 할 수 있다. 예를 들어, $\frac{1}{\sqrt{2}+\sqrt{3}} + \frac{2}{\sqrt{2}-1}$ 와 $\sqrt{3}-\sqrt{2}+2\sqrt{2}+2$를 비교해보자.

분모의 유리화는 다음의 전개를 활용한다.

$$(a+b)(a-b) = a^2 - b^2$$

예를 들어 분모가 $\sqrt{3}+1$일 때, 분모와 분자에 모두 $\sqrt{3}-1$을 곱해주면 분모는 $(\sqrt{3}+1)(\sqrt{3}-1) = (\sqrt{3})^2 - (\sqrt{1})^2 = 3-1 = 2$가 된다. 분모가 $\sqrt{3}-\sqrt{2}$라면 $\sqrt{3}+\sqrt{2}$를 곱하면 $(\sqrt{3})^2 - (\sqrt{2})^2 = 3-2 = 1$이 된다.

그렇다면 다음 분수의 합은 어떤 식으로 정리될지 예상해 보자.

$$\frac{1}{\sqrt{2}+\sqrt{3}} + \frac{1}{\sqrt{3}+\sqrt{4}} + \frac{1}{\sqrt{4}+\sqrt{5}} + \frac{1}{\sqrt{5}+\sqrt{6}}$$

$$= (\sqrt{3}-\sqrt{2}) + (\sqrt{4}-\sqrt{3}) + (\sqrt{5}-\sqrt{4}) + (\sqrt{6}-\sqrt{5})$$
$$= \sqrt{6} - \sqrt{2}$$

대수

대수

변수를 활용하기

일반적인 성질을 나타내는 데 유용한 방법은 변수를 사용하는 것이다.

"두 수를 더한 결과는 두 수를 더하는 순서와 무관하다."

이를 문자를 써서 나타내면 다음과 같다.

> "m, n이 수일 때, $m + n = n + m$."

이때 두 가지를 유의해야 한다. 첫째, 수를 나타내기 위해 쓰인 문자(알파벳) m, n은 특별한 의미가 없다. 따라서 다른 알파벳를 사용할 수도 있고, 다른 기호를 사용할 수도 있다. 다음의 식은 모두 같은 의미이다.

> "a, b이 수일 때, $a + b = b + a$."

> "$\nabla, \bigcirc$이 수일 때, $\nabla + \bigcirc = \bigcirc + \nabla$."

중요한 것은 특정한 알파벳 혹은 기호가 아니라, 어디에서 **반복**되고 있는지를 확인하는 것이다.

두 번째로 유의해서 봐야 할 부분은 변수가 가리키는 수(변수의 조건)이다. 수학에서 수는 계속 확장되고 있다. 역사적으로 수는 분수, 0, 음수, 실수, 복소수 등으로 확장되었으며, 그 이상으로 더 확장시킬 수 있다. 그리고 지금은 당연하게 생각되는 법칙이 확장된 수에서는 성립하지 않을 수도 있다.

예를 들어, 실수가 모든 수라고 생각했던 시대에는 "모든 수 m에 대해 $m^2 \geq 0$."가 너무나 당연한 진리였겠지만, 허수(제곱해서 음수가 되는 수)도 고려한다면 "모든 수 m에 대해 $m^2 \geq 0$."는 틀린 얘기이다. 앞의 문장은 "모든 실수 m에 대해 $m^2 \geq 0$."로 고쳐 써야 한다.

따라서 어떤 공식을 볼 때에는 그 공식이 어떤 범위에서 성립하는지 확인할 필요가 있다. "언제나", 혹은 "모든 수"는 많은 경우 실수 혹은 복소수를 의미한다.

변수를 포함한 식

변수를 포함한 식은 여러 수를 한꺼번에 나타낼 수 있는 장점이 있다. 예를 들어 n이 자연수일 때, $2n^2$은 다음의 수를 나타낸다.

$$2, 8, 18, 32, 50, 72, 98, 128, 162, 200, 242, 288, 338, 392, \cdots$$

이렇게 숫자들을 일렬로 적는 것보다 "**$2n^2$ (n : 자연수)**"란 표현이 얼마나 간단한가?

한 가지를 주의하자. 앞에서도 강조했듯이 변수를 사용할 때 변수가 어떤 수를 대신할 수 있는지 확인하는 과정이 필요하다. **n이 짝수인 자연수라면** $2n^2$은 다음과 같은 수를 나타낸다.

$$8, 32, 50, 98, 162, 242, 338, \cdots$$

n이 분모가 3, 분자는 자연수인 분수라면, $2n^2$은 다음의 수를 나타낸다.[1]

$$\frac{2}{9}, \frac{8}{9}, 2, \frac{32}{9}, \frac{50}{9}, 8, \frac{98}{9}, \frac{128}{9}, 18, \cdots$$

그리고 $2n^2$의 n이 실수라면, $2n^2$은 0과 양의 실수를 모두 나타낼 수 있다. [따라서 $2n^2(n : 실수)$라는 표현보다는 $n \geq 0 (n : 실수)$라는 표현이 좀 더 간단해 보인다.]

---

[1] $n = \frac{k}{3}(k :$자연수$)$이므로, $2n^2 = 2\left(\frac{k}{3}\right)^2 = \frac{2}{9}k^2(k :$자연수$)$가 된다. 다시 말해 "$2n(n :$분모가 3, 분자는 자연수인 분수$)$"와 "$\frac{2}{9}k^2(k :$자연수$)$"는 동일한 수를 다른 방식으로 표현한 것이다.

여러 수를 대신하여 변수를 쓸 수 있는 것은 수 사이에 존재하는 **규칙성** 때문이다. 예를 들어 2, 8, 18, 32는 $\mathbf{2}\cdot 1^2, \mathbf{2}\cdot 2^2, \mathbf{2}\cdot 3^2, \mathbf{2}\cdot 4^2$, 로 나타낼 수 있다. 모든 수가 $\mathbf{2}\cdot(\ )^2$ 의 꼴이다.

이제 다음의 등식에서 나타나는 규칙성을 찾아보자.[2]

$$|-3| = 3$$
$$|2| = 2$$
$$|-\sqrt{3}| = \sqrt{3}$$
$$\left|\frac{1}{7}\right| = \frac{1}{7}$$

아마도 많은 사람들이 위의 등식이 모두 $|x| = x$, $|-x| = x$의 꼴을 하고 있다고 말할 것이다. 이때 x에 어떤 수를 대입할 수 있는지에 유의해야 한다. $|x| = x$ 또는 $|-x| = x$에서 x 대신 $3, 2, \sqrt{3}, \frac{1}{7}$을 넣으면 위의 식이 만들어진다. 이때 $3, 2, \sqrt{3}, \frac{1}{7}$는 모두 양수이다. 하지만 x가 음수일 때에도 $|x| = x$, $|-x| = x$가 성립한다고 말할 수 있을까? 구체적으로 $|x| = x$, $|-x| = x$에서 x 대신 $\mathbf{-1}, -\frac{1}{2}, -\sqrt{3}$을 넣으면 어떻게 될까? 다음을 보자.

$$|\mathbf{-1}| = \mathbf{-1}, \quad |-(\mathbf{-1})| = \mathbf{-1}$$
$$\left|-\frac{1}{2}\right| = -\frac{1}{2}, \quad \left|-\left(-\frac{1}{2}\right)\right| = -\frac{1}{2}$$

---

[2] 실수에 대한 절댓값(| |)은 주어진 실수를 수직선의 한 점으로 나타냈을 때, 원점에서부터 그 점까지의 거리를 나타낸다.

$$\left|-\sqrt{3}\right| = -\sqrt{3}, \quad \left|-(-\sqrt{3})\right| = -\sqrt{3}$$

위의 식은 모두 절대값 연산이 잘못되었다.[3] 이처럼 $|x| = x$, $|-x| = x$를 음수에 적용하면 잘못된 등식을 얻게 된다.

다시 한번 강조하자. 특정 변수는 모든 수를 나타낼 수도 있고, 일정한 조건을 만족하는 수를 나타낼 수도 있다. 따라서 문자가 어떤 수를 나타내는지 확인하는 과정이 필수적이다.

절대값 연산 결과를 나타내는 $|x| = x$, $|-x| = x$는 $x \geq 0$일 때만 성립한다.[4]

방정식(<방정식> 참조)을 풀 때에도 변수가 취할 수 있는 수의 범위에 주목해야 한다. 예를 들어 모든 실수 x에 대해 방정식 $x^5 - 2x^4 + 2x^2 - x - 6 = 0$을 푸는 것은 결코 쉽지 않은 일이다. 하지만 x가 될 수 있는 수가 $1, 2, 3$뿐이라면, 방정식을 푸는 것은 간단하다. x 대신 $1, 2, 3$을 대입한 후 등호가 성립하는지 확인하면 된다.

$$1^5 - 2(1)^4 + 2(1)^2 - (1) - 6 = -6$$

---

[3]예를 들어 정확한 절대값 연산은 다음과 같다.

$$|-1| = 1, \quad |1| = 1$$

[4]절대값 연산을 나타내는 다른 방식은 다음과 같다.

"$\begin{cases} |x| = x & (x \geq 0) \\ |x| = -x & (x < 0) \end{cases}$" 또는 "$x \leq 0$일 때, $|x| = -x, |-x| = -x.$"

$$2^5 - 2(2)^4 + 2(2)^2 - (2) - 6 = \mathbf{0}$$

$$\mathbf{3^5 - 2(3)^4 + 2(3)^2 - (3) - 6 = 90}$$

따라서 x가 **1**, **2**, **3**이 가능할 때, 방정식 $x^5 - 2x^4 + 2x^2 - x - 6 = 0$의 유일한 해는 **2**이다.

자연수의 덧셈 (결합법칙과 교환법칙)

시중의 한 교과서는 "실수의 연산에 관한 성질"이란 단원에서 밑도 끝도 없이 이렇게 설명한다.

실수 전체의 집합 $\mathbb{R}$에서는 덧셈과 곱셈에 대하여 다음과 같은 연산법칙이 성립한다. a, b, c가 실수일 때,

- 교환법칙 : $a + b = b + a$, $ab = ba$
- 결합법칙 : $(a + b) + c = a + (b + c)$, $(ab)c = a(bc)$
- 분배법칙 : $a(b + c) = ab + ac$, $(a + b)c = ac + bc$

이렇게 기호만 어지러이 나타나 있다면, 이것을 읽고 이해할 수 있는 사람은 거의 없을 것이다. 이들 기호 뒤에 숨어 있는 논리와 원리를 한번 밝혀보자.

자연수는 물건의 개수를 세는 과정에서 자연스럽게 생긴 듯하다. 자연수의 덧셈은 물건의 개수를 합치는 것으로 생각할 수 있다. 따라서 자연수의 경우, 덧셈의 결과는 더하는 순서에 영향을 받지 않는다.[5]

염소 3마리와 염소 4마리와 염소 5마리를 합치면 염소 12마리가 된다. 염소 5마리를 먼저 세든, 염소 3마리를 먼저 세든 상관없다 (5+4+3=3+4+5).

"여러 자연수의 덧셈은 덧셈의 순서에 상관없이 동일하다."

이를 변수를 활용하여 표현한다면 다음과 같이 될 것이다.

---

[5] 실수의 경우에도 덧셈의 결과는 순서에 영향을 받지 않는다. 단지 자연수처럼 직관적으로 명확하다고 말하긴 힘들 것 같다.

> **자연수 덧셈의 성질 1**
>
> "자연수 a, b에 대해,
>
> $$a + b = b + a$$
>
> 자연수 a, b, c에 대해,
>
> $$a + b + c = a + c + b = b + a + c$$
> $$= b + c + a = c + a + b = c + b + a$$
>
> 자연수 a, b, c, d에 대해,
>
> $$a + b + c + d = a + b + d + c = a + c + b + d$$
> $$= a + c + d + b = a + d + b + c = a + d + c + b$$
> $$= b + a + c + d = b + a + d + c = b + c + a + d$$
> $$= b + c + d + a = b + d + a + c = \cdots$$
>
> 자연수 a, b, c, d, e에 대해,
>
> $$a + b + c + d + e = a + b + c + e + d = \cdots "$$

이렇게 기호(변수)를 사용하여 적어보니 어떤가? 그런데 이 방법의 큰 문제점은 아직 끝나지 않았다는 점이다. "자연수 a, b, c, d, e, f에 대해", "자연수 a, b, c, d, e, f, g에 대해" 등으로 계속된다.

이를 간단하게 적을 수 없을까? "여러 자연수의 덧셈은 덧셈의 순서에 상관없이 동일하다."에는 두 가지 일반화가 들어간다. 첫 번째 일반화는 "어떤 순서로 자연수를 배열해도 상관없다"이고, 두 번째 일반화는 "자연수의 개수는 상관없다"이다.

위에서는 자연수의 개수가 2개일 때, 3개일 때, 4개일 때 등으로 구분하였다. 변수를 활용하면 개수를 구분할 필요가 없다.

> **자연수 덧셈의 성질 2**
>
> 자연수 $n \geq 2$에 대해,
>
> $$a_1 + a_2 + \cdots + a_n = a_2 + a_1 + \cdots + a_n = \cdots$$

가능성이 보인다! 하지만 자연수 $a_1, \cdots, a_n$의 모든 가능한 순서를 나열해야 하는 문제가 있다.

수학자들은 위의 표현 대신 좀 더 간단한 표현을 생각해냈다.

먼저 "자연수 a, b에 대해, $a + b = b + a$"를 보자. a, b에는 어떤 자연수도 들어갈 수 있다.

$$1 + 2 = 2 + 1, \quad 3 + 2 = 2 + 3, \quad 3 + 3 = 3 + 3, \quad \cdots$$

그리고 변수 c, d도 들어갈 수 있다. 변수 c, d가 자연수라는 조건이 충족된다면,

$$\text{자연수 } c, d \text{에 대해, } c + d = d + c.$$

그리고 $a + b$와 c도 들어갈 수 있다. 만약 $a + b, c$가 모두 자연수라면,

$$\text{자연수 } a + b, c \text{에 대해, } (a + b) + c = c + (a + b).$$

$(a + b) + c$에는 +(덧셈)이 두 곳에 존재한다. 그리고 두 덧셈에 대해 모두 $\triangle + \bigcirc = \bigcirc + \triangle$를 적용할 수 있다. 그 결과는 $(a+b)+c = (b+a)+c$이고 $(a+b)+c = c+(a+b)$이다.

주목하자. $a + b$의 a에는 숫자가 들어갈 수도 있지만 다른 변수 c, d나 변수와 상수의 합 $a + 1, c + 2$, 변수와 변수의 합 $a + b$도 들어갈 수 있다!

따라서 $a+b = b+a$에 의해 $1+2 = 2+1$이고, $(a+1) + b = b + (a+1)$이고, $(a+b) + c = c + (a+b)$이다.

어쨌든 이를 활용하면 $a+b+c = b+a+c$를 보일 수 있다. "자연수 a, b에 대해, $a+b = b+a$"만으로 "자연수 a, b, c에 대해 $a+b+c = b+a+c$"를 보인 것이다.[6]

하지만 $a+b+c = a+c+b$를 보이긴 힘들다. 위에서 $(a+b) + c = c + (a+b)$를 보였다. 만약 $c + (a+b) = (c+a) + b$이 성립한다면, $(a+b) + c = c + (a+b) = (c+a) + b = (a+c) + b$가 되지만, $c+(a+b) = (c+a)+b$이 성립하는 것은 $a+b = b+a$와 별개의 사안이다.[7]

그렇다면 만약 $(a+b) + c = a + (b+c)$가 성립한다면 어떤 결과가 나타날까? 만약 $(a+b)+c = a+(b+c)$와 $a+b = b+a$이 모두 성립한다면, '자연수 덧셈의 성질 1'이 모두 참이 된다.

결론적으로 "여러 자연수의 덧셈은 덧셈의 순서에 상관없이 동일하다."

---

[6]여기서 한 가지 주의할 점이 있다. 등식이 성립하는 조건이다. "자연수 $a+b, c$에 대해 $(a+b) + c = (b+a) + c$"와 "자연수 a, b, c에 대해 $a+b+c = b+a+c$"를 비교해 보자. 약간의 차이점이 있다. 첫 번째 공식에서는 $a+b, c$가 자연수여야 하고, 두 번째 공식에서는 a, b, c가 자연수여야 한다. $a = \frac{1}{2}, b = \frac{1}{2}, c = 1$이라면 $a + b, c$는 모두 자연수이지만, a, b는 자연수가 아니다. 하지만 자연수 a, b에 대해 $a + b$가 자연수임이 확실하다면, a, b, c가 자연수일 때, $a + b, c$는 자연수가 된다. 수학자들은 모든 자연수의 합이 다시 자연수가 되는 것을 **"자연수 집합이 덧셈에 대해 닫혀 있다"**고 말한다.

[7]$a+b = b+a$와 $c + (a+b) = (c+a) + b$의 차이에 대해서는 쉽게 구별하기 어렵다. 하지만 나중에 행렬 연산을 배워보면 차이점을 금방 알 수 있다.

는 다음의 두 "성질"로 표현 가능하다![8]

> **자연수 덧셈의 성질 3**
>
> 자연수 a, b에 대해,
> $$a + b = b + a$$
> 자연수 a, b, c에 대해,
> $$(a + b) + c = a + (b + c)$$

자연수의 덧셈 뿐 아니라 자연수의 곱셈도 연산의 순서가 연산의 결과에 영향을 미치지 못하며 다음과 같이 나타낼 수 있다. (자연수 집합도 곱셈에 닫혀있다.)

> **자연수 곱셈의 성질**
>
> 자연수 a, b, c에 대해,
> $$ab = ba$$
> $$(ab)c = a(bc)$$

---

[8]이때 자연수의 덧셈은 항상 자연수가 된다(자연수 집합은 덧셈에 닫혀있다)는 점을 잊지 말자.

항등식을 증명하기

다음은 항등식이다. x에 어떤 수를 대입해도 항상 성립한다.[9]

$$x^2 + 2x + 1 = (x+1)^2$$

그것을 확인하는 가장 쉬운 방법은 모든 수를 대입해 보는 것이다.

$$1^2 + 2 \cdot 1 + 1 = (1+1)^2$$
$$2^2 + 2 \cdot 2 + 1 = (2+1)^2$$
$$3^2 + 2 \cdot 3 + 1 = (3+1)^2$$
$$\vdots$$

$$\left(\frac{1}{2}\right)^2 + 2 \cdot \left(\frac{1}{2}\right) + 1 = \left\{\left(\frac{1}{2}\right) + 1\right\}^2$$
$$\left(\frac{1}{3}\right)^2 + 2 \cdot \left(\frac{1}{3}\right) + 1 = \left\{\left(\frac{1}{3}\right) + 1\right\}^2$$
$$\left(\sqrt{2}\right)^2 + 2 \cdot \left(\sqrt{2}\right) + 1 = \left\{\left(\sqrt{2}\right) + 1\right\}^2$$
$$\vdots$$

하지만 모든 수를 전부 대입해 볼 순 없다. 왜냐하면 '모든 수'의 개수는 무한하니까. 그 수를 전부 다 대입하려면 무한의 시간이 필요할 것이다.

이때 모든 수에 대해 성립하는 "일반적"인 성질이 중요하다. 예를 들어 다음과 같은 덧셈과 곱셈의 성질은 모든 수 a, b에 대해 성립한다.

---

[9] 여기서 어떤 수란 자연수, 정수, 유리수, 실수, 복소수까지를 의미한다.

$$ab = ba$$
$$a + b = b + a$$

이 등식의 가치를 알아주길 바란다. **모든 수에 대해 성립한다!**
그리고 다음의 성질들도 "모든 수에 대해 성립한다"고 알려져 있다.

$$(a+b)+c = a+(b+c)$$
$$(ab)c = a(bc)$$

$$a(b+c) = ab+ac$$

그리고 이런 성질들을 활용하면, 모든 수에 대해 $x^2+2x+1 = (x+1)^2$ 이 성립함을 보일 수 있다.

$$\begin{aligned}
(x+1)^2 &= (x+1)(x+1) & &\text{(제곱의정의)} \\
&= (x+1)x + (x+1)1 & &\because a(b+c) = ab+ac \text{ (분배법칙)} \\
&= x \cdot x + 1 \cdot x + x \cdot 1 + 1 & &\because (a+b)c = ac+bc \text{ (분배법칙)} \\
&= x \cdot x + 1 \cdot x + 1 \cdot x + 1 & &\because ab = ba \text{ (교환법칙)} \\
&= x^2 + (1+1)x + 1 & &\because ac+bc = (a+b)c \text{ (분배법칙)} \\
&= x^2 + 2x + 1 & &\because 1+1 = 2
\end{aligned}$$

어떤 등식이 특정한 수에 대해, 혹은 몇 개의 수에 대해 성립함을 밝히는 것은 크게 어렵지 않다. 직접 대입을 해보면 알 수 있다. 하지만 모든 수에 대해서, 혹은 무한히 많은 수에 대해 등식이 성립한다는 것을 밝히는 것은 그리 쉽지 않다. 한 가지 방법은 모든 수에 대해 성립한다고 이미 알려진 성질을 활용하는 것이다!

"수학은 지극히 뻔한 사실을 전혀 뻔하지 않게 증명하는 것으로 보일 수 있다." - 게오르그 폴리야

"〈명백한〉이란 단어는 수학에서 가장 위험한 말이다." - 에릭 템플 벨

대수: 방정식

대수: 방정식

방정식: 들어가기

　방정식이란 미지수를 포함한 등식을 의미한다. 그리고 등식이 성립하는 미지수를 알아내는 것을 "방정식을 푼다"고 한다. 다음의 방정식을 보자.

$$3x - 7 = -x + 3$$

등식이 성립하려면 x에 어떤 수를 대입해야 할까? 특별히 해결책이 떠오르지 않을 때 가장 먼저 할 수 있는 일은 무작정 시도해 보는 것이다. x

에 0을 대입해보자. 등식의 좌변은 $3x - 7 = 3 \cdot 0 - 7 = -7$이고, 우변은 $-x + 3 = -0 + 3 = 3$이 되어 등식이 성립하지 않는다.

$$-7 \neq 3$$

x에 1을 대입해도 좌변은 $3x - 7 = 3 \cdot 1 - 7 = -4$이고, 우변은 $-x + 3 = -1 + 3 = 2$로 등식이 성립하지 않는다.

$$-4 \neq 2$$

그렇다면 x에 어떤 수를 대입해야 등식이 만족하게 될까? 그리고 어떻게 그런 수를 찾을 수 있을까?

양변에 공통적인 요소를 확인한다

다음의 등식을 만족하는 미지수 x를 추측해보자.

$$x + 3 = 2 + 3$$

어렵다면 다시 한번 주어진 등식을 관찰해 보자. 그리고 양변에 공통적인 요소, 반복되는 요소를 찾아보자.

$$x + \mathbf{3} = 2 + \mathbf{3}$$

만약 $x = 2$라면 $2 + \mathbf{3} = 2 + \mathbf{3}$가 되어 등식이 성립한다.

방정식을 풀려면, x에 어떤 수를 대입하여 양변이 같게 만들어 주어야 한다. 따라서 양변에 같은 부분이 많다면 문제 풀기가 쉬워질 것이다. 다음의 방정식을 풀어보자.

$$x + 3 = 7$$

앞의 문제와 다르게 양변에 공통적 부분이 존재하지 않는다. 하지만 간단한 계산을 통해 양변에 공통적인 요소를 만들어 줄 수 있다! $7 = 4 + 3$이다. 따라서 $x + 3 = 7$은 다음과 같이 고쳐 쓸 수 있다.

$$x + 3 = 4 + 3$$

x에 어떤 수를 대입해야 양변이 같아질까? 무엇이 같고, 무엇이 다른가?

$$x + 3 = 4 + 3$$

이제 다음과 같은 방정식은 손쉽게 해결할 수 있을 것이다.

$$2x = 6$$

양변을 확인한다. **무엇이 반복되고 있는가? 반복되는 요소가 없다면 만들어준다.** 6은 $2 \cdot 3$과 같다.

$$2x = 2 \cdot 3$$

다시 한번 양변에 같은 부분과 다른 부분을 구분해서 써 보자.

$$\mathbf{2} \cdot x = \mathbf{2} \cdot \mathbf{3}$$

따라서 $x = 3$일 때 양변이 같아진다는 것을 확인할 수 있다.
  방정식을 풀려면 양변에서 공통적인 부분을 찾아라! 없으면 만들어라! 그 이유는 무엇인가? 만약 양변에 공통적인 부분만 존재한다면 등식은 자명하다.

$$2 + 3 = 2 + 3$$
$$7x + 2 = 7x + 2$$
$$(2a + b^3)c = (2a + b^3)c$$

$$\sqrt[3]{abc+bc} = \sqrt[3]{abc+bc}$$

위의 등식은 모두 자명하고, 동어반복에 불과하다. (사실 수학은 동어반복에 불과하다는 주장도 있다.)

양변에 공통적인 부분을 확인하는 것은 역설적으로 양변에 무엇이 다른지를 확인하기 위해서이다. 예를 들어, $x+\mathbf{3} = 2+\mathbf{3}$에서 양변의 공통적인 부분 **+3**을 확인했다면, 그 부분을 제외한 부분(좌변의 x와 우변의 2)에 집중할 수 있다. $\mathbf{3} \cdot x = \mathbf{3} \times 2$에서 양변에 공통적으로 존재하는 **3×**를 확인했다면, 양변에서 다른 부분(좌변의 x와 우변의 2)를 분리할 수 있다.

조금 복잡한 예

다음 방정식은 조금 복잡해 보일 수 있다.

$$3x + 7 = 1$$

하지만 걱정할 필요는 없다. 차분하게 하나씩 양변에 공통적인 부분을 만들어가면 된다. 먼저 양변에 **+7**를 만들어준다.

$$3x + \mathbf{7} = -6 + \mathbf{7}$$

그리고 양변에 공통의 **3×**를 만들어준다.

$$\mathbf{3 \times} x + \mathbf{7} = \mathbf{3 \times} (-2) + \mathbf{7}$$

무엇이 같은가? 그리고 무엇이 다른가? 양변에 같아지려면 x에 어떤 수를 대입해야 할까?

더욱 복잡한 예

몇 가지 문제를 더 풀어보자.

- $3x + 2 = 2x + 5$

  우선 양변에서 **+2**를 찾아내면,

  $$3x + \mathbf{2} = 2x + 3 + \mathbf{2}.$$

  여기서 양변에 공통적인 부분을 제외하면, $3x = 2x + 3$. x에 어떤 수를 대입해야 할까? 잘 모르겠다면 다시 양변에 공통적인 부분을 찾아본다. 양변에서 반복되어 나타나는 기호가 있는가? 좌변의 $3x$와 우변의 $2x$는 모두 x를 포함하고 있다. 이 둘은 어떤 관계가 있는가? $3x = 2x + 1x$이므로, $3x = 2x + 3$는 다음과 같이 고쳐 쓸 수 있다.

  $$\mathbf{2x} + 1x = \mathbf{2x} + 3$$

  이제 x에 어떤 수를 대입해야 할까?

- $-y + 1 = 7y + 3 - 2y$

  복잡해 보이지만 차근차근 양변의 공통적인 부분을 확인해 나간다. 양변에서 $+1$, $7y$, $-2y$를 찾아나가면 다음과 같이 주어진 등식을 바꿔 쓸 수 있다.

$$-y + 1 = 7y - 2y + 2 + 1$$
$$\Downarrow$$
$$7y - 8y + 1 = 7y - 2y + 2 + 1$$
$$\Downarrow$$
$$7y - 2y - 6y + 1 = 7y - 2y + 2 + 1$$

하지만 조금 복잡해보인다. 좀 더 간단한 방법이 없을까? 간단한 풀이법은 문제에 이미 존재하는 **반복**을 활용한다.

$$-y + 1 = 7y + 3 - 2y$$

원래의 방정식을 보자. 문자 y는 모두 3번 반복되고 있으며, 우변에서만 2번 반복되고 있다. 그리고 우변의 $7y - 2y$는 $(7-2)y = 5y$로 고쳐 쓸 수 있다(<**곱셈의 덧셈에 대한 분배법칙**> 참조).

따라서 주어진 문제 $-y + 1 = 7y + 3 - 2y$는 $-y + 1 = 5y + 3$으로 고쳐 쓸 수 있고, 좀 더 간단하게 풀 수 있다.

반복되는 요소를 찾아서 없애라

앞에서 $x + 2 = 5$를 풀기 위해 양변에 "**+2**"가 반복되도록 했다. $x + 2 = 3 + 2$. 그리고 "**+2**"를 양변에서 제거한다. 그 결과는 $x = 3$.

이 방법은 원래 있었던 양변의 수를 보존한다면 다음과 같이 쓸 수 있다.

$$x + 2 = 5$$
$$\Downarrow$$
$$x + 2 = 5 + \mathbf{0}$$
$$\Downarrow$$
$$x + 2 = 5 + (\mathbf{-2 + 2})$$
$$\Downarrow$$
$$x + \mathbf{2} = (5 - 2) + \mathbf{2}$$
$$\Downarrow$$
$$x = 5 - 2$$

첫 번째 등식과 마지막 등식을 비교해보자.

$$x + 2 = 5$$
$$x = 5 - 2$$

좌변의 +2가 우변의 −2로 바뀐 듯이 보이지 않는가? 혹은 양변에 모두 −2를 해 준 것이라고 생각할 수도 있다.

이런 방법은 좌변에 존재하는 "+2"에 대해서만 적용할 수 있는 것이 아니다. 예를 들어, $x + 2 = 5$의 어디에도 "+3"이 나타나지 않는다. 하지만 양변에 "**+3**"이 반복되게 만들고자 한다면 $x - 1 + 3 = 2 + 3$으로 쓸 수 있고 양변에 반복되는 "**+3**"를 제거하면, $x - 1 = 2$가 된다.

이 과정을 다시 써 보면,

1. $x + 2 = 5$에서 양변에 "−3"을 하고, 다시 "+3"을 한다.

$$x + 2 - 3 + 3 = 5 - 3 + 3$$

2. 양변에 반복되는 "+3"을 제거하고, 상수끼리 연산을 한다.

$$x - 1 = 2$$

결론적으로 양변에 존재하는(혹은 숨겨져 있는) "**+3**"을 겉으로 꺼내어 반복되는 요소임을 확인하고, 제거하고 싶다면, 양변에 "**−3**"을 해주기만 하면 된다!

구구절절 설명이 길었지만 사실 간단한 논리이다. $A = B$가 성립한다면, 양변에 $-C$를 해준 $A - C = B - C$ 역시 성립한다. 당연하다. A와 B가 같으므로, 같은 수에 같은 연산을 행한다면, 결과는 같다. 두 수가 달라질 이유가 없다.

$3 = 3$이라면, $3 - 1 = 3 - 1$이고, $3 + \sqrt{2} = 3 + \sqrt{2}$이다. $x = y$라면, $x + 1 = y + 1$, $x - \sqrt{2} = y - \sqrt{2}$이다. 양변에 더하거나 빼는 값이 무엇인지 신경 쓸 필요도 없다. a나 $\sin y$가 어떤 값인지 몰라도, $x = y$라면, $x + a = y + a$이고, $x + \sin y = y + \sin y$이다!

$-C$, $+C$뿐 아니라, $\times C$, $\div C$ 역시 마찬가지이다. (그리고 여기서 C는

상수, 변수, 함수 등 무엇이든 가능하다.)

$$A = B \Rightarrow A \times C = B \times C$$
$$A = B, \ C \neq 0 \Rightarrow A \div C = B \div C$$

사칙연산 뿐만 아니다. ^{2}, ^{3}, $\sqrt{\ }$, $\sqrt[3]{\ }$ 와 log, sin 등의 함수도 가능하다. 같은 수에 같은 함수를 적용한다면, 여전히 같다.

$$A = B \Rightarrow A^2 = B^2$$
$$A = B \Rightarrow A^3 = B^3$$
$$A = B \Rightarrow \sqrt[2]{A} = \sqrt[2]{B}$$
$$A = B \Rightarrow \sqrt[3]{A} = \sqrt[3]{B}$$

너무 당연해 보이는 등식의 이런 성질은 방정식을 풀기 위해 적절히 사용될 수 있다. $x + 2 = 5$의 양변에 -2를 하면 $x = 3$을 얻는다.

 방정식 $3x + 2 = 2x + 5$를 푼 결과를 예상해보자. 정답은 "$x =$**상수**"의 형태가 될 것이다. 그렇다면 $3x + 2 = 2x + 5$의 양변에 같은 연산을 해서 "$x =$상수"의 형태로 바꿀 수 있을까?

 $3x + 2 = 2x + 5$와 "$x =$상수"는 어떤 점이 같고, 어떤 점이 다른가?

미지수가 하나인 1차 방정식: 양변에 같은 연산하기

- $3x + 2 = 4x + 5$
- $-x + 1 = 7x + 3 - 2x$

앞에서 **"양변에 반복되는 요소를 찾아내어"** 풀었던 위의 두 문제는 **"양변에 동일한 연산을 하는"** 방법으로도 풀 수 있다. $3x+2 = 4x+5$의 양변에 $+4$를 하면, $3x+6 = 4x+9$가 되고, 양변에 $\times 2$를 하면, $6x+4 = 4x+10$이 된다. 그렇다면 어떤 연산을 해야 할까?

주어진 방정식의 양변에 적용할 수 있는 연산의 종류는 무수히 많다. 하지만 목적지는 많지 않다. 목적지는 어디인가? $3x + 2 = 4x + 5$과 $-x + 1 = 7x + 3 - 2x$ 모두 최종 목적지는 "$x =$**상수**"라고 할 수 있다.

첫 번째 문제를 보자. "$3x + 2 = 4x + 5$"과 "$x =$**상수**"는 어떻게 다른가? 계속 말하지만, 문제를 푸는 것은 아는 바와 아직 모르는 바를 연결하는 것이라고 생각할 수 있다. "$x =$**상수**"는 아래와 같이 바꿔서 "$3x + 2 = 4x + 5$"와 비교할 수 있다.

$$3x + 2 = 4x + \mathbf{5}$$
$$\mathbf{1}x + 0 = 0x + \mathbf{상수}$$

이제 "$3x + 2 = 4x + 5$"와 "$x =$상수"의 공통점과 차이점이 명확하게 보인다. 그리고 방향도 분명해진다. 좌변의 $3x$를 $1x$로, 2를 0으로 바꾸고, 우변의 $4x$를 $0x$로 바꿔야 한다.

$3x$를 $1x$로 바꾸는 방법에는 두 가지가 있다. $2x$를 빼거나($3x-2x=1x$), 3으로 나누어준다$\left(\dfrac{3x}{3}=1x\right)$. 2를 0으로 바꾸는 방법도 두 가지이다. 2를 빼거나 0으로 곱한다. $4x$를 $0x$로 바꾸는 방법도 $-4x$ 또는 ×0의 두 가지 방법을 생각할 수 있다. 하지만 뒤(<동치> 참조)에서 설명할 이유 때문에 0으로 곱하는 방법을 제외하자. 우리가 해야 할 일과 방법은 다음과 같이 정리할 수 있다.

해야 할 일	방법
좌변의 $3x$를 $1x$로 바꾼다	양변을 3으로 나눈다
	양변에서 $2x$를 뺀다
좌변의 2를 0으로 바꾼다	양변에서 2를 뺀다
우변의 $4x$를 $0x$로 바꾼다	양변에서 $4x$를 뺀다

어떤 일을 먼저 해야 할까? 어떤 방법을 써야 할까? 사실 어떤 일을 먼저 해도 크게 상관은 없다. 하지만 비슷한 문제를 풀다 보면 좀 더 빠른 길을 알 수 있다.

"좌변의 $3x$를 $1x$로 바꾸는" 일은 가장 마지막에 하는 게 좋다. 왜냐하면 좌변의 $3x$를 $1x$로 바꾼 후에 우변의 $4x$를 $0x$로 바꾸면, 좌변의 $1x$가 변해버리기 때문이다. 비슷한 방정식을 여러 번 풀어보면 알 수 있다. 우선 $-x+1=7x+3-2x$를 풀어보자.

$$-x+1=7x \;\; \mathbf{+3}-2x$$
$$\mathbf{1}x+0=0x+\mathbf{상수}-0x$$

미지수가 하나인 1차 방정식: 양변에 같은 연산하기 2

$-x+1 = 7x+3-2x$와 "$x = 상수$"를 비교해 보자. 앞에서 "$x = 상수$"는 "$1x + 0 = 0x + 상수 - 0x$"로 생각할 수 있음을 보았다. 다른 방식으로 생각할 수도 있다. "$x = 상수$"는 x항이 모두 좌변에 있고, **상수항**이 모두 우변에 있는 등식 중에서 **가장 단순한 형태**로 생각할 수도 있다. 예를 들어 $-x - 7x + 2x = 3 - 1$은 손쉽게 "$x = 상수$"의 형태로 변형할 수 있다.

$$-x - 7x + 2x = 3 - 1$$

$$(-1 - 7 + 2)x = 2$$

$$-6x = 2$$

$$\frac{-6x}{-6} = \frac{2}{-6}$$

$$x = -\frac{1}{3}$$

따라서 미지수가 하나인 1차 방정식을 푸는 방법은 다음과 같이 정리할 수도 있다.

1. 변수(미지수)를 포함한 모든 항은 좌변으로, 상수항은 모두 우변으로 옮긴다.

2. 좌변에서 변수(미지수)의 계수가 1이 되도록 한다.

$-x + 1 = 7x + 3 - 2x$에서 x를 포함한 모든 항을 좌변으로, 상수항은 우변으로 옮기는 방법을 생각해보자. 우변의 $7x$, $-2x$를 좌변으로 옮기려면 양변에 $-7x$, $+2x$를 해주면 된다. 그 결과는 다음과 같다.

$$-x + 1 = 7x + 3 - 2x$$

$$-x + 1\mathbf{-7x + 2x} = 7x + 3 - 2x\mathbf{-7x + 2x}$$

$$6x + 1 = +3$$

그리고 좌변의 $+1$을 우변으로 옮기려면 양변에 -1을 해주면 된다.

$$6x + 1 = +3$$

$$6x + 1\mathbf{-1} = +3\mathbf{-1}$$

$$6x = +2$$

역원

$3x + 2 = 5$를 풀어보자. 앞에서 봤듯이 **양변에 같은 연산**을 해서 "$x = $ 상수"의 꼴로 바꿔 주면 된다. 이때 **양변에 하는 연산**을 생각해보자. 그리고 $3x + 2 = 5$에서 x를 바로 알 수 없는 이유를 생각해보자.

$3x + 2 = 5$를 바로 풀 수 없는 이유는 x를 직접 알 수 없기 때문이다. $x = 1$은 x의 값을 직접 알려준다. 하지만 $3x = 3$의 경우, x에 3을 곱한 결과가 3이라고 알려주지만, x를 직접 알려주지 않는다. $3x + 2 = 5$의 경우도 마찬가지이다. x에 곱하기와 더하기가 행해진 결과를 알려주지만, x값을 바로 알 순 없다.

이때 중요한 것은 어떻게 x에 가해진 변형(연산)을 무효화하는가이다. 예를 들어, 어떤 수에 가해진 "**더하기** 2"를 무효화하는 방법은 "**빼기** 2"를 하는 것이다. "**곱하기** 3"을 무효화하는 방법은 "**나누기** 3"을 하는 것이다.

무효화는 같은 연산을 사용할 수도 있다. 예를 들어 "**더하기** 2"는 "**더하기** -2"에 의해 무효화된다. "**곱하기** 3"은 "**곱하기** $\frac{1}{3}$"에 의해 무효화된다. 이렇게 같은 연산을 활용하여 무효화하는 수를 "**역원**"이라고 한다.

결론적으로 미지수가 하나인 1차 방정식을 푸는 과정은 "$x = $ 상수"의 양변에 적용된 연산을 역원을 통해 "**무효화**"하는 과정이라고 생각할 수 있다. 예를 들어 $3x + 2 = 5$는 $x = 1$의 양변에 $\times 3$, $+2$를 한 결과이다. $3x + 2 = 5$의 양변에 -2, $\times \frac{1}{3}$을 하면 $x = 1$로 되돌아간다.

미지수가 하나인 1차 방정식: 부정 또는 불능

다음의 방정식을 풀어보자.

$$2x + 2 = x - 1 + x + 3$$

앞에서 했던 방법과 같이 양변에 동일한 연산을 하여 좌변에는 x를 포함한 항만 남기고, 우변에는 상수항만을 남긴다. (다른 말로, 좌변에서 상수항을 없애고, 우변에서 x항을 없앤다.) 양변에 -2를 하면, $2x = x - 1 + x + 3 - 2$. 정리하면 $2x = 2x$가 되고, 우변에서 x를 없애기 위해 양변에 $-2x$를 하면, $0 = 0$이 된다.

흠, 원했던 바와 다르다. 우리가 원했던 것은 "$x = $ 상수"의 꼴로 나타내는 것이다. 그런데 $2x = 2x$의 경우는 우변에서 x를 없애면, 좌변에서도 x가 없어진다! 만약 좌변 x의 계수를 1로 만든다면 어떨까? 양변을 2로 나눈다면, $x = x$가 된다.

그렇다면 $x = x$는 무슨 의미인가? $x = x$는 양변이 똑같다. x에 어떤 수를 대입하더라도 $x = x$는 성립한다. 따라서 $x = x$를 만족하는 해는 모든 수이다. (흔히 해를 특정할 수 없기 때문에 "**부정**"이라고 한다.)

$0 = 0$도 마찬가지로 해석할 수 있다. $0 = 0$이 성립하기 위해 x는 어떤 수가 되어야 하는가? x가 어떤 수이든 상관없이 $0 = 0$이다.[1] 따라서

---

[1] 사실 $0 = 0$이라고 하면 이것이 방정식을 나타낸 것이라고 말하기 힘들다. 반면 $0x = 0$ 또는 $0x = 0x$로 나타내면 "x의 방정식"이 분명하다. 모든 x에 대해 $0x = 0$ 또는 $0x = 0x$이 성립한다. (따라서 "x의 항등식"이라고 할 수도 있다.)

방정식 $2x + 2 = x - 1 + x + 3$의 해는 모든 수이다. 실제로 x에 여러 수를 대입해보면, 어떤 수를 대입해도 등식이 성립함을 확인할 수 있다.

이번엔 다음의 방정식을 풀어보자. 앞의 방정식과 비슷하지만 약간 다르다.

$$2x + 2 = x - 1 + x + 2$$

마찬가지 방법으로 "$x = $ 상수"의 꼴로 변형시키자. 먼저 좌변의 "+2"를 제거하면 $2x = 2x - 1$. 여기서 우변의 $2x$를 제거하면 $0 = -1$을 얻는다. 좌변의 x항을 보존하고 계수를 1로 만들기 위해 $2x = 2x - 1$의 양변을 1로 나눈다면, $x = x - \frac{1}{2}$를 얻는다.

하지만 x에 어떤 수를 대입해도 $0 = -1$가 성립할 수 없다. $0x = -1$로 나타내면 좀 더 확실하다. $x = x - \frac{1}{2}$의 경우도 마찬가지이다. 어떤 수에 "$-\frac{1}{2}$"를 한 결과가 바뀌지 않을 수 없다.[2] 따라서 방정식 $2x + 2 = x - 1 + x + 2$는 해가 없다. (흔히 "**불능**"이라고 한다.)

---

[2]이런 성질은 **뺄셈**의 독특한 성질이며 다른 연산의 경우에도 항상 성립하는 것은 아니다. 예를 들어 x와 $\sqrt{x}$는 같을 수 있다. x에 1을 대입해 보자. x와 x^2도 같을 수 있다. x에 0이나 1을 대입해 보자. x와 $2x$도 같을 수 있다. x에 0을 대입해 보자. 하지만 x와 $x - \frac{1}{2}$은 결코 같을 수 없다!

미지수가 하나인 1차 방정식 : 정리

주어진 방정식의 양변에 같은 연산을 적용해서 "$1 \cdot x = \square$"로 변형할 수 있다면, 방정식의 해는 "$x = \square$"가 된다. 수학에서는 $\square$ 기호보다는 문자를 선호하므로 보통 "$x = b \, (b: 상수)$"라고 적는다.

하지만 <미지수가 하나인 1차 방정식: 부정 또는 불능>에서 봤듯이 양변의 한쪽에서 변수를 제거하면, 다른 쪽에서도 제거되어 "$x = b \, (b: 상수)$" 꼴로 정리할 수 없는 경우도 있다. 그런 경우에도 "$ax = b \, (a, b: 상수)$" 꼴로 정리하는 것은 큰 문제가 없다.

그때 방정식의 해는 무엇일까? 방정식의 해는 다음의 **세 가지 경우**로 나눌 수 있다.

$$ax = b \, (a, b: 상수) \Rightarrow \begin{cases} x = \dfrac{b}{a} & a \neq 0 \\ x : 모든\ 수 (\textbf{부정}) & a = 0, b = 0 \\ x : 없음 (\textbf{불능}) & a = 0, b \neq 0 \end{cases}$$

복잡하게 보이는가? 하지만 어렵지 않다. 앞에서 봤듯이 주어진 방정식을 "$x = b \, (b: 상수)$" 꼴로 바꾸는 과정에서 문제가 있는 경우라도 "$0x = b \, (b: 상수)$" 꼴로 바꿀 수는 있다. 이때 해는 상수 b가 0일 때와 0이 아닐 때로 구분된다. 앞의 **세 가지 경우**는 이를 정리한 것이다.

연립 1차 방정식: 연결점을 설정하자

"연립 방정식을 푼다"는 것은 여러 등식을 모두 만족하는 미지수를 구하는 것이다. 다음의 연립 방정식을 보자.

$$\begin{cases} x+y=5 \\ x-y=2 \end{cases}$$

x와 y에 어떤 수를 대입해야 두 등식이 모두 성립할까? 일단 시도해보자. $x=1, y=0$을 시도해 볼까? $x+y=1$, $x-y=1$로 위의 두 등식은 모두 성립하지 않는다.

다시 한번 방정식을 보자.

무엇이 반복되고 있는가? 그것을 어떻게 활용할 수 있을까?

"미지수가 하나인 1차 방정식"의 경우를 상기해보자. 반복되는 x는 다음의 두 가지 경우에 합칠 수 있었다.

1. 등호의 한 쪽에서 + 또는 − 로 연결된 x
   예) $2x + 3x = 7$
   $$\Downarrow$$
   $$5x = 7$$

2. 등호(=)의 양쪽에 나타나는 x

　　예)　　$2x - 1 = x$
$$\Downarrow$$
$$x - 1 = 0$$

하지만 주어진 연립방정식의 두 x는 "+"나 "−", 그리고 "="로 연결되어 있지 않다.

<변수를 활용하기>에서 설명했듯이 변수를 나타내기 위해 쓰인 문자는 문자 자체에 어떤 의미도 없다. 단지 동일한 수가 어디에서 반복되는지를 나타내기 위해 쓰인다. (따라서 위의 연립방정식에서도 x를 a나 m 등 다른 기호로 나타내도 상관없다. 단지 모든 x를 같은 기호로 바꿔주기만 하면 된다.) 그리고 당연한 얘기지만 $x = x$이다. 따라서 x 자체가 두 식을 연결하는 연결점이 될 수 있다.

두 식을 x를 중심으로 변형해보자(좌변에 x만 나타나게 한다). 첫 번째 등식의 양변에 $-y$를 하고, 두 번째 등식의 양변에 $+y$를 해보자. 그 결과는 다음과 같다.

$$\begin{cases} x = 5 - y \\ x = 2 + y \end{cases}$$

그리고 x를 연결점으로 두 식을 연결하면 다음과 같다.

$$5 - y = 2 + y$$

이 식은 y의 1차 방정식이다. 쉽게 풀 수 있을 것이다.

연립 1차 방정식: 연결점 $x + y$

$$\begin{cases} x + y = 5 \\ x - y = 2 \end{cases}$$

앞에서 연립 방정식의 두 식을 연결하기 위해 x를 연결점으로 삼았다. 물론 y를 연결점으로 삼을 수도 있다.

$$\begin{cases} y = 5 - x \\ y = -(2 - x) \end{cases}$$

그리고 $x + y$를 연결점으로 삼을 수도 있다. 첫 번째 등식은 좌변에 이미 $x + y$가 있다. 두 번째 등식 ($x - y = 2$)의 좌변에 $x + y$만 남기고 나머지는 모두 우변으로 넘겨보자. $x - y$를 $x + y$로 만들려면 어떻게 해야 할까? 양변에 $+2y$를 해보자.

$$x - y + 2y = 2 + 2y \quad \text{(양변에 } +2y \text{를 한다)}$$
$$x + y = 2 + 2y \quad \quad \text{(결과)}$$

그 결과 연립 방정식은 다음과 같다.

$$\begin{cases} x + y = 5 \\ x + y = 2 + 2y \end{cases}$$

그리고 $x + y$을 연결점으로 두 식을 연결하자. y의 1차 방정식 $5 = 2 + 2y$를 얻는다.

연립 1차 방정식: 연결점 설정의 고려 사항

앞에서 봤듯이 연결점은 우리가 원하는 대로 만들어 줄 수 있다. 다음의 연립 1차 방정식을 보자.

$$\begin{cases} x - y = 2 \\ 3x + 2y = 5 \end{cases}$$

연결점을 $x - y$로 해서 두 등식을 연결해 볼 수도 있다. 좌변에 $x - y$가 나타나도록 한다.

$$\begin{cases} x - y = 2 \\ (x - y) + 2x + 3y = 5 \end{cases}$$

그리고 $x - y$을 연결점으로 두 등식을 연결하면,

$$2 = 5 - 2x - 3y.$$

어떤가? 방정식을 풀 수 있겠는가? 앞에서 연립 방정식을 풀었던 경우와 비교해보자.

왜 두 등식을 연결하는가? 두 등식에 걸쳐 여러 번 반복되는 x와 y를 합쳐서 등식을 좀 더 간단하게 만들고, 방정식을 풀기 위해서이다. 앞에서는 그 과정에서 x와 y를 합칠 수 있었을 뿐 아니라, 운좋게 미지수 하나가 사라진 등식을 얻을 수 있었다. 미지수가 하나 뿐인 1차 방정식은 쉽게 풀 수 있다.

하지만 이번에는 미지수가 사라지지 않았다!

따라서 단순히 두 등식을 연결하는 것으로는 부족하다! 그 과정에서 미지수 하나가 사라져야 한다. 그렇다면 $x-y$를 연결점으로 하면서 미지수를 사라지게 할 순 없을까?

두 번째 등식 $3x+2y=5$에서 $x-y$를 제외한 부분에 변수가 하나만 나타나게 하면 될 것이다. 왜냐하면 $x-y$는 연결점으로 작용하면서 마지막 등식에서는 사라진다. $3x+2y$는 다음의 두 가지 방법으로 고쳐 쓸 수 있다.

- $3x+2y = 3(x-y)+5y$
- $3x+2y = -2(x-y)+5x$

만약 $3x+2y=3(x-y)+5y$를 활용하고, 연결점으로 $x-y$를 사용한다면, 그 결과로 얻은 등식에는 변수가 y만 존재할 것이다. (변수 x는 사라질 것이다).

$$\begin{cases} x-y=2 \\ 3(x-y)+5y=5 \end{cases}$$

연립 1차 방정식: 연결점 0

그렇다면 두 등식을 연결하기 위해 어떤 변수 혹은 어떤 식을 사용해야 할까? 쉽게 방정식을 풀 수 있는 변수 혹은 식이 좋을 것이다.

$$\begin{cases} x - y = 2 \\ 3x + 2y = 5 \end{cases}$$

위의 방정식을 풀려면 연결점을 무엇으로 삼겠는가? x? y? $x-y$? $3x+2y$? 솔직히 나도 잘 모르겠다. 선택하기 곤란하다면 한 가지 방법은 선택하지 않는 것이다. 위의 두 등식은 다음과 같이 변형할 수 있다.

$$\begin{cases} x - y - 2 = \mathbf{0} \\ 3x + 2y - 5 = \mathbf{0} \end{cases}$$

그리고 **0**을 연결점으로 두 등식을 연결하면 다음과 같다.

$$x - y - 2 = 3x + 2y - 5$$

이 식을 정리하면 $-2x - 3y = -3$이 된다. 아쉽게도 x 또는 y가 사라지지 않았다. 그렇다면 그냥 x 또는 y를 연결점으로 삼아야 할까?

포기하긴 아직 이르다. 1차 방정식에서 미지수가 사라지는 경험을 상기해보자(**<미지수가 하나인 1차 방정식: 부정 또는 불능>** 참조). 양변의 계수가 같은 경우 변수는 사라진다. 위의 식에서 좌변의 $(x-y-2)$에 ×3을 하면 $3x - 3y - 6$이 되고, 우변의 $3x + 2y - 5$와 x의 계수가 같아진다! 문제는 좌변에만 ×3을 해야 한다는 것이다.

보통은 불가능한 일이다. 좌변에만 ×3을 하고, 우변은 그대로 둔다면 등식은 성립하지 않을 것이다. $2 = 2$에 좌변은 ×3을 하고, 우변은 그대로 둔다면,

$$2 \times 3 \neq 2.$$

하지만 예외가 있다. $0 = 0$일 때에는 양변에 제각각의 수를 곱해도 등식이 성립한다.

$$3 \times 0 = 0$$
$$3 \times 0 = 2 \times 0$$
$$(-1) \times 0 = \left(\frac{1}{2}\right) \times 0$$

그리고 앞의 연립 방정식의 연결점 역시 0이었다! 따라서 양변에 어떤 수를 곱해줘도 등식이 성립한다. 0은 뭘 곱해도 0이다.[3]

$$3 \times (x - y - 2) = (3x + 2y - 5)$$
$$(-1) \times (x - y - 2) = \left(\frac{1}{2}\right) \times (3x + 2y - 5)$$

---

[3] 복잡한 현상을 연구할 때에는 이렇게 모든 것이 간단해지는 지점을 찾는 게 중요할 수 있다.

양변에 x의 계수가 같게 하려면, 좌변은 ×3을 하고 우변은 ×1을 하자. 결과는 $3\times(x-y-2) = 1\times(3x+2y-5)$이고, 이를 정리하면 $-3y-6 = 2y-5$을 얻는다. y의 1차 방정식이다!

미지수가 두 개인 연립 1차 방정식: 양변에 같은 연산하기

"미지수가 하나인 1차 방정식"의 풀이는 다음과 같이 요약할 수 있다.

<u>양변에 같은 수를 더하거나 빼거나 곱하거나 나눠라.</u>

<u>(이때 0으로 곱하거나 나누지 마라.)</u>

<u>그리고 "$x = $상수"가 되게 하라.</u>

"미지수가 둘인 연립 1차 방정식"도 같은 방식으로 정리할 수 있다. 다음의 방정식을 보자.

$$\begin{cases} 3x + 2y = 5 \\ x - y = 2 \end{cases}$$

이 방정식을 푸는 것은 "미지수가 하나인 1차 방정식"의 풀이법과 동일하다. 우선 $3x + 2y = 5$에 집중하자.

<u>$3x + 2y = 5$의 양변에 같은 수를 더하거나 빼거나 곱하거나 나눠라.</u>

<u>(이때 0으로 곱하거나 나누지 마라.)</u>

<u>"$x = $상수"가 되게 하라.</u>

<u>그리고 $x - y = 2$이다!</u>

$3x + 2y = 5$의 양변에 같은 연산을 해서 "$x = $상수"꼴로 만든다는 점에서는 "미지수가 하나인 1차 방정식"과 큰 차이는 없다. **문제는 양변에 같은 연산을 하는 것만으로는 y항의 계수를 0으로 만들 수 있는 방법이 없다는 점이다.** (물론 0으로 곱하는 방법은 제외하였다.) 이때 $x - y = 2$를

활용하면 좌변에는 $(x-y)$를 더하고, 우변에는 2를 더할 수 있다. 그리고 이를 활용하면 y가 사라지게 할 수 있다.

실제로 풀어보자. $3x + 2y = 5$를 "$x = $ 상수"꼴로 바꾸기 위해 가장 큰 난관은 y항이다. 양변에 $-2y$를 해서 좌변에 y항을 없애면 우변에 y항이 생긴다. 양변에 y를 없앨 수 있는 방법은 보이지 않는다. 이때 $x - y = 2$를 활용한다. 좌변에 $2(x-y)$를 더하고, 우변에는 $2 \cdot 2$를 더해보자. 그 결과는 다음과 같다.

$$3x + 2y + 2(x-y) = 5 + 2 \cdot 2$$
$$\Downarrow$$
$$5x = 9$$

y항이 사라지고 x의 1차 방정식이 되었다!

미지수가 두 개인 연립 1차 방정식: 마무리

주어진 연립 1차 방정식을 변형하여 "미지수가 하나인 1차 방정식"을 만들어냈다면, "미지수가 하나인 1차 방정식"는 쉽게 풀 수 있다. (한 마디로 정리하면 방정식 $ax = b$ (a, b: 상수)의 해는 $x = \dfrac{b}{a}$ 또는 "**부정**" 또는 "**불능**"이 된다.)

다음의 "연립 방정식"을 변형하여 "미지수가 하나인 1차 방정식"을 만들어 냈다.

$$\begin{cases} 3x + 2y = 5 \\ x - y = 2 \end{cases} \Rightarrow \quad 5x = 9$$

$5x = 9$을 풀면 $x = \dfrac{9}{5}$이다. 이를 원래 연립 방정식에 대입해 보자.

$$\begin{cases} 3 \cdot \dfrac{9}{5} + 2y = 5 \\ \dfrac{9}{5} - y = 2 \end{cases}$$

아직 y를 모르지 않는가? 예를 들어 $y = 0$ 또는 $y = 1$을 대입해 보면 등식이 성립하지 않는다!

$$\begin{cases} y = \mathbf{0} \Rightarrow \begin{cases} 3 \cdot \dfrac{9}{5} + 2 \cdot \mathbf{0} \neq 5 \\ \dfrac{9}{5} - \mathbf{0} \neq 2 \end{cases} \\ y = \mathbf{1} \Rightarrow \begin{cases} 3 \cdot \dfrac{9}{5} + 2 \cdot \mathbf{1} \neq 5 \\ \dfrac{9}{5} - \mathbf{1} \neq 2 \end{cases} \end{cases}$$

따라서 $x = \dfrac{9}{5}$ 인 경우에도, 연립방정식이 항상 성립하는 것은 아니라는 것을 알 수 있다. y를 구해야 한다. 하지만 원래 연립방정식에 $x = \dfrac{9}{5}$ 을 대입한 결과를 보면, y의 1차 방정식임을 알 수 있다. y의 1차 방정식은 쉽게 풀 수 있다.

한번 풀어보자. 첫 번째 방정식을 풀어도, 두 번째를 풀어도 $y = -\dfrac{1}{5}$ 임을 알 수 있다. 따라서 연립 1차 방정식 $\begin{cases} 3x + 2y = 5 \\ x - y = 2 \end{cases}$ 의 해는 $\begin{cases} x = 9/5 \\ y = -1/5 \end{cases}$ 이다. 확실한가? (뒤의 **<동치>** 부분을 참조하자.)

미지수가 3개인 연립 1차 방정식: 연결점

다음의 연립방정식을 보자.

$$\begin{cases} 3x - y + z = 6 \\ 2x + y - z = -1 \\ x + 5y - 3z = -10 \end{cases}$$

"미지수가 셋인 연립 1차 방정식"도 같은 방식으로 풀 수 있다. 두 등식을 연결하면서 변수 하나를 제거하자. 무엇을 연결점으로 삼을 것인가? 가장 손쉬운 선택은 0이다.

$$\begin{cases} 3x - y + z - 6 = 0 \\ 2x + y - z + 1 = 0 \\ x + 5y - 3z + 10 = 0 \end{cases}$$

0을 연결점으로 등식을 두 개씩 연결해보자. 이때 제거하고 싶은 변수의 계수를 같도록 한다. 예를 들어 첫 번째 식과 두 번째 식을 연결하여 x를 제거하고 싶다면, 첫 번째 식의 양변에 2를 곱하고, 두 번째 식의 양변에 3을 곱한 후 0을 연결점으로 연결해보자.

$$2 \cdot (3x - y + z - 6) = 3 \cdot (2x + y - z + 1)$$
$$\Downarrow$$
$$6x - 2y + 2z - 12 = 6x + 3y - 3z + 3$$

그리고 변수(미지수)는 모두 좌변으로, 상수는 모두 상수로 옮기면,

$$-5y + 5z = 15$$

같은 방식으로 두 번째 식과 세 번째 식을 연결할 수도 있고, 첫 번째 식과 세 번째 식을 연결할 수도 있다. (x의 계수를 맞추는 것을 잊지 말자.)

두 번째 식의 양변에 1을 곱하고, 세 번째 식의 양변에 2를 곱한 후 연결한 결과는 다음과 같다.

$$1(2x + y - z + 1) = 2(x + 5y - 3x + 10)$$
$$\Downarrow$$
$$2x + y - z + 1 = 2x + 10y - 6x + 20$$
$$\Downarrow$$
$$-9y + 5z = 19$$

이렇게 x가 빠진 등식을 두 개 얻을 수 있다.

$$\begin{cases} -5y + 5z = 15 \\ -9y + 5z = 19 \end{cases}$$

그리고 이것은 "미지수가 두 개인 연립 1차 방정식"이다.

동치

1차 방정식을 푸는 한 가지 방법은 다음과 같이 정리할 수 있다.

1. 주어진 등식의 양변에 동일한 연산을 한다.

2. 그 결과가 "$x = $상수"꼴이 되도록 한다.

이 방법은 등식의 양변에서 공통적인 요소를 찾는 방법보다 단순하고, 응용성이 좋기 때문에 자주 활용된다. 하지만 여기서 한 가지 의문이 있다.

**그래, 양변에 같은 연산을 적용하면 등식이 유지된다.
그런데 해도 유지될까?(변하지 않을까?)**

이런 걱정이 기우가 아님을 보여주는 예가 있다. 방정식 $3x + 1 = 4$의 해는 $x = 1$이 유일하다.[4] 하지만 $3x + 1 = 4$의 양변에 0을 곱한 결과인 $0 \cdot (3x + 1) = 4 \cdot 0$을 보자. 어떤 x에 대해서도 $0 \cdot (3x+1) = 4 \cdot 0$은 성립한다!

다음 방정식을 보자.

$$\sqrt{2x - 1} = x - 2$$

---

[4] x가 실수일 때, 유일함을 보여주는 한 가지 방법은 다음과 같다. $x = 1$을 대입하면 등식이 성립한다. 그리고 $x \neq 1$이면, 등식이 성립하지 않음을 보여준다. $x \neq 1$은 두 가지 경우로 나눌 수 있다. $x > 1$과 $x < 1$. $x > 1$일 때, $3x + 1$은 4보다 크고, $x < 1$일 때, $3x + 1$은 4보다 작다.

만약 양변에 제곱을 해준다면, 다음과 같이 2차 방정식을 얻을 수 있다.

$$(\sqrt{2x-1})^2 = (x-2)^2$$
$$\Downarrow$$
$$2x - 1 = (x-2)^2$$

2차 방정식을 풀 줄 안다면 위의 2차 방정식 $2x - 1 = (x-2)^2$의 두 해 ($x = 1$ 또는 $x = 5$)을 금방 풀 수 있다(<**2차 방정식 이상의 방정식**>, <**변수가 하나인 2차 다항식의 인수분해**> 참조). 2차 방정식을 풀 줄 몰라도 x에 1 또는 5를 대입하면 양변이 같다. 하지만 이 두 해를 $\sqrt{2x-1} = x-2$에 대입해 보면, $x = 1$의 경우는 해가 아니다.

$$\sqrt{2 \cdot 1 - 1} \neq 1 - 2$$

다시 말해 방정식 $\sqrt{2x-1} = x-2$의 해와 ($\sqrt{2x-1} = x-2$의 양변을 제곱한) 방정식 $2x-1 = (x-2)^2$의 해를 비교해 보면 방정식 $2x-1 = (x-2)^2$에는 $\sqrt{2x-1} = x-2$에 없었던 해가 하나 생겨났다.

방정식	해
$\sqrt{2x-1} = x-2$	$x = 5$
$2x-1 = (x-2)^2$	$x = 1$ 또는 $x = 5$

문제가 아닐 수 없다. 그렇다면 이런 질문도 해 볼 수도 있다.

양변에 같은 연산을 함으로써 해가 사라지지는 않을까?

다행히도 그런 걱정은 하지 않아도 된다. 주어진 방정식을 만족하는 모든 해를 모아 집합을 만들어 보자. 예를 들어 $\sqrt{2x-1} = x-2$를 만족하는 모든 해(여기서는 실수해를 가정한다)를 모아 집합을 만들고, S_1이라고 부른다면, 다음과 같이 쓸 수 있다.

$$S_1 = \{x \in \mathbb{R} \mid \sqrt{2x-1} = x-2\}$$

그리고 $2x-1 = (x-2)^2$을 만족하는 실수해도 모두 모아 집합을 만들고 S_2로 부르자.

$$S_2 = \{x \in \mathbb{R} \mid 2x-1 = (x-2)^2\}$$

이제 방정식 $\sqrt{2x-1} = x-2$의 모든 해가 방정식 $2x-1 = (x-2)^2$에서 보존된다는 것을 집합 S_1과 S_2를 활용하여 표현하면 다음과 같다.

$$S_1 \subset S_2$$

앞(<**많은 수를 지칭하기: 조건**>)에서 두 집합의 포함관계를 어떻게 보였는가? 각 집합의 조건을 활용할 수 있었다. 그 방법을 따른다면 $S_1 \subset S_2$를 보이기 위해서는 $\sqrt{2x-1} = x-2 \Rightarrow 2x-1 = (x-2)^2$을 보이면 된다. 당연하다. $\sqrt{2x-1} = x-2$의 양변을 제곱한 결과가 $2x-1 = (x-2)^2$이다. 따라서 $S_1 \subset S_2$이고, S_1의 모든 원소는 S_2의 원소가 된다.

결론적으로, **방정식을 풀기 위해 양변에 동일한 연산을 적용하여 새로운 방정식을 얻었을 때, 새로운 방정식에 새로운 해가 추가될 수도 있다. 하지만 기존의 해가 사라지지는 않는다.**

동치와 사칙 연산

앞에서 양변에 제곱을 할 경우에 새로운 해가 추가 될 수 있음을 보았다. 그렇다면 우리가 잘 아는 사칙 연산의 경우는 어떨까? 방정식의 양변에 같은 수를 더하거나, 빼고, 곱하거나, 나눌 때, 없었던 해가 생기지는 않을까?

결론부터 말하자면, 더하기와 빼기의 경우에는 그런 일이 결코 일어나지 않는다. 예를 들어 $2x+1=2$를 보자. $2x+1=2$를 만족하는 해 집합과 양변에 -1을 한 $2x=1$의 해집합은 동일하다. 왜 그럴까? $2x+1=2$의 양변에 -1을 한 결과는 $2x=1$이므로 다음과 같이 쓸 수 있다.

$$2x+1=2 \Rightarrow 2x=1$$

$2x+1=2$를 만족하는 모든 x는 $2x=1$을 만족한다. 두 해집합이 같음을 보여주기 위해서는 아래의 반대 방향을 보여주면 된다.

$$2x+1=2 \Leftarrow 2x=1$$

이것이 성립할까? 그렇다. 왜냐하면 $2x=1$의 양변에 $+1$을 한 결과가 $2x+1=2$이기 때문이다.

$A=B$일 때, 양변에 $+c(c:상수)$하면 $A+c=B+c$이고, $A+c=B+c$의 양변에 $-c(c:상수)$를 하면 $A=B$가 되므로, 다음이 성립한다.

$$A=B \iff A+c=B+c$$

방정식의 양변에 같은 수를 더하거나 빼도, 방정식의 해는 변함이 없다.

곱셈의 경우는 어떤가? $A = B$의 양변에 상수 c를 곱하면 $cA = cB$가 된다. 그렇다면 $cA = cB$이면 $A = B$가 되는가? 아마도 그럴 것이다. 왜냐하면 $cA = cB$의 양변을 c로 나누면 $A = B$가 되기 때문이다.

문제는 c가 0인 경우이다. 어떤 수도 0으로 나눌 수 없다. 따라서 $c = 0$일 때, $A = B \iff cA = cB$는 성립하지 않는다. $c \neq 0$인 경우에 한해 $A = B \iff cA = cB$가 성립한다. [예를 들어, $\mathbf{0}(x+1) = \mathbf{0}(x+2)$는 모든 x에 대해 성립하지만, $x + 1 = x + 2$는 해가 없다!]

정리를 해보면, 양변을 같은 수로 더하거나, 빼고, 곱하거나, 나누어도 해집합은 변하지 않는다. (이렇게 해집합이 같은 두 방정식의 관계를 "**동치**"라고 한다.) 하지만 주의하자. 양변을 0으로 곱한다면 해집합이 급속히 팽창한다(모든 실수가 해가 된다). 그리고 어떤 수도 0으로 나눌 수 없다 (<1을 0으로 나누면?> 참조).

동치와 연립방정식

연립방정식을 풀 때, 핵심은 "변수를 하나 제거하라"라고 정리할 수 있다. 하지만 그것만으로는 부족하다. **<미지수가 두 개인 연립 1차 방정식: 마무리>**에서 봤듯이 '미지수가 둘인 연립방정식'에서 '미지수가 하나인 방정식'을 얻고, 이 방정식을 풀었다고 끝이 아니다. 나머지 미지수도 풀어야 한다. 그렇다면 연립 방정식을 변형할 때에는 해가 유지되지 않는가?

연립방정식도 마찬가지로 동치에 대해 생각해 볼 수 있다. 다음의 두 등식을 보자.

$$\begin{cases} A = B \\ C = D \end{cases}$$

등식의 양변에 같은 연산을 해도 등식은 유지된다. 그리고 연립방정식의 다른 등식($C = D$)을 활용하여 좌변에는 C를 더하고, 우변에는 D를 더할 수도 있다.

$$\begin{cases} A = B \\ C = D \end{cases} \Rightarrow \begin{cases} A + C = B + D \\ C = D \end{cases}$$

그렇다면 $\begin{cases} A + C = B + D \\ C = D \end{cases}$ 과 $\begin{cases} A = B \\ C = D \end{cases}$ 는 동치일까? 다시 $C = D$를 활용하여 $A + C = B + D$의 좌변에서 C를 빼고, 우변에서 D를 빼면 다시 $A = B$가 되므로 $\begin{cases} A = B \\ C = D \end{cases} \Leftarrow \begin{cases} A + C = B + D \\ C = D \end{cases}$ 가 성립한다. 동치이다.

<미지수가 두 개인 연립 1차 방정식: 마무리>의 연립방정식을 활용하여 동치인 연립방정식을 따라가면 다음과 같다.

$$\begin{cases} 3x+2y=5 \\ x-y=2 \end{cases} \Leftrightarrow \begin{cases} 3x+2y+\mathbf{2\cdot(x-y)}=5+\mathbf{2\cdot 2} \\ \mathbf{x-y=2} \end{cases}$$

$$\Updownarrow$$

$$\begin{cases} x=\dfrac{9}{5} \\ x-y=2 \end{cases} \Leftrightarrow \begin{cases} 5x=9 \\ x-y=2 \end{cases}$$

이제 왜 $x=\dfrac{9}{5}$ 를 기존의 등식에 다시 대입해야 하는지 알 수 있을 것이다. $\begin{cases} 3x+2y=5 \\ x-y=2 \end{cases}$ 과 동치인 방정식은 $x=\dfrac{9}{5}$ 이 아니라 $\begin{cases} x=\dfrac{9}{5} \\ x-y=2 \end{cases}$ 이다!

2차 이상의 방정식

다음의 방정식을 보자.

$$xy = 0$$

x, y에 어떤 값을 넣어야 등식이 성립할까? 추측을 해보자면, x에 0을 대입하거나, y에 0을 대입하면 될 것이다.

1. **$xy = 0$에서 반복되는 요소를 찾아보자. 없다면 만들자.**

$$xy = 0y$$

따라서 $x = 0$은 분명히 등식을 만족한다. 그리고 $x = 0$을 대입해보면, 등식은 $\mathbf{0y = 0y}$가 된다. 이때 어떤 값을 y에 대입해도 등식은 성립한다. $xy = 0$은 $yx = 0x$로 나타낼 수도 있다. 따라서 $y = 0$은 해가 되고, 그때 x는 어떤 값도 될 수 있다.

2. **$xy = 0$의 양변을 0이 아닌 같은 수로 나눠도 등식은 유지된다.**(그리고 해도 유지된다. <동치> 참조.)

양변을 y로 나눠보자. 이때 $y \neq 0$이어야 한다. 그 결과는 $x = 0$이다. 따라서 $y \neq 0$, $x = 0$은 방정식 $xy = 0$의 해이다. 만약 $y = 0$이라면 어떨까? $xy = 0$에 $y = 0$을 대입하면 $x \cdot 0 = 0 (0x = 0)$으로

모든 x에 대해 성립한다(부정).

두 결과를 좀 더 알기 쉽게 정리해보자. 실수 x, y는 다음의 4가지 조건 중의 하나이다. (앞에서 정수를 짝수와 홀수로 나눈 경험을 상기해보자. 주어진 문제에 따라 유용한 조건이 다르다. **<도대체 $\sqrt{2}$는 무엇인가?>** 참조.)

- $(x = 0, y = 0)$
- $(x = 0, y \neq 0)$
- $(x \neq 0, y = 0)$
- $(x \neq 0, y \neq 0)$

이 중 처음 세 조건에서 $xy = 0$이 성립한다. (그리고 네 번째 조건에서는 절대 $xy = 0$이 성립하지 않는다.) 이 세 조건을 모두 합쳐서 흔히 "**$x = 0$ 또는 $y = 0$**"이라고 표현한다.

따라서 **$xy = 0$의 해는 간단히 "$x = 0$ 또는 $y = 0$"이라고 적는다.**

마찬가지 방법으로 $xyz = 0$의 해도 구할 수 있다. x, y, z가 0 또는 0이 아닐 조건을 상정한 후, xyz를 구해보자. 그 결과 $xyz = 0$의 해는 다음과 같이 표현할 수 있다.

"$x = 0$ 또는 $y = 0$ 또는 $z = 0$"

2차 이상의 방정식 풀기

다음의 방정식을 풀어보자.

$$xy - 2x - y + 2 = 0$$

아마도 감이 오지 않을 것이다. 이것저것 시도해보자. 예를 들어, $(x,y) = (0,0), (1,0), (-1,0)$을 대입해보자.

x	y	$xy - x - y + 1$
0	0	2
1	0	0
-1	0	4

운 좋게 해를 하나 구했다. $(x,y) = (1,0)$. 하지만 이 해가 전부인지는 확실치 않다.

1. "미지수가 하나인 1차 방정식"으로 생각하자.

    가장 먼저 생각할 수 있는 방법은 이미 알고 있는 방법을 활용하는 것이다. "미지수가 하나인 1차 방정식"은 풀 수 있다. 그렇다면 주어진 방정식 $xy - 2x - y + 2 = 0$을 "미지수가 하나인 1차 방정식"으로 생각해 보자. x는 변수이고, y는 상수라고 생각하자. "$x = $ 상수" 꼴로 변형하거나 "$ax = b\ (a, b : \text{상수})$"꼴로 변형하면 해를 구할 수 있다. $xy - 2x - y + 2 = 0$에서 x를 포함한 모든 항을 좌변으로 옮기고, 나머지는 모두 우변으로 옮긴 후 정리한 결과는 다음과 같다.

$$(y-2)x = (y-2)$$

"$ax = b\ (a, b : 상수)$"꼴이다. 따라서, 만약 $(y-2) \neq 0$이라면, $x = \dfrac{y-2}{y-2} = 1$이 된다(이때 y는 어떤 수가 되어도 상관없다). 만약 $(y-2) = 0$이라면 주어진 등식은 $0x = 0$이 되어 어떤 수도 x가 될 수 있다(부정). 이것을 정리하면 "$x = 1$ 또는 $(y-2) = 0$"이라고 쓸 수 있다.

2. $XY = 0$의 꼴로 나타낸다.

만약 주어진 등식을 $XY = 0$의 꼴로 나타낼 수 있다면 좀 더 쉽게 해를 풀 수 있다. $(x-1)(y-2)$를 전개해보자. $xy - 2x - y + 2$와 $(x-1)(y-2)$는 같은 식이다. 따라서 $xy - 2x - y + 2 = 0$은 다음과 같이 고쳐 쓸 수 있다.

$$(x-1)(y-2) = 0$$

앞에서 봤듯이 $XY = 0$의 해는 "$X = 0$ 또는 $Y = 0$"이다. 따라서 $(x-1)(y-2) = 0$의 해는 "$x - 1 = 0$ 또는 $y - 2 = 0$"이 된다. 좀 더 정리하면 "$x = 1$ 또는 $y = 2$"이다.

다음 방정식을 풀어보자.

$$x^2y^2 - 2x^2y + xy^2 - 2xy = 0$$

더 이상 좌변이 x 또는 y의 1차 방정식이 아니므로 위의 첫 번째 방법을 쓸 수 없다. 하지만 주어진 식은 $XYZW = 0$의 꼴로 나타낼 수 있다.

$$x^2y^2 - 2x^2y + xy^2 - 2xy = (x+1)xy(y-2) = 0$$

$(x+1)xy(y-2)$을 전개해보면 $x^2y^2 - 2x^2y + xy^2 - 2xy$이다. 그리고 $(x+1)xy(y-2) = 0$의 해는 "$x = -1$ 또는 $x = 0$ 또는 $y = 0$ 또는 $y = 2$"가 된다. 따라서 $x^2y^2 - 2x^2y + xy^2 - 2xy = 0$의 해도 역시 "$x = -1$ 또는 $x = 0$ 또는 $y = 0$ 또는 $y = 2$"이다.

그렇다면 $x^2y^2 - 2x^2y + xy^2 - 2xy$를 어떻게 $(x+1)xy(y-2) = 0$로 바꿀 수 있는가? 다시 말해, 주어진 다항식을 곱의 형태로 바꾸려면 어떻게 해야 하는가? 그 방법은 다음 장 **<대수: 인수분해>**에서 다룬다.

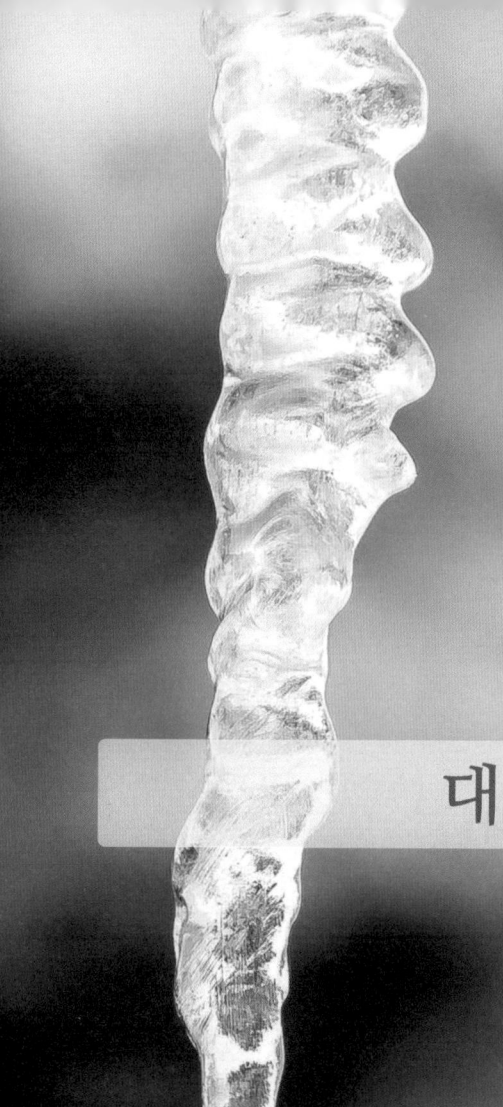

대수 : 인수분해

대수: 인수분해

인수분해: 들어가기

인수분해란 주어진 다항식을 두 개 이상의 다항식의 곱으로 만드는 것이다.

예를 들어 $x^2 - y^2$을 인수분해하면 $(x+y)(x-y)$이 된다. $x^2 - y^2$을 두 다항식 $x+y$와 $x-y$의 곱으로 나타내었다. 그리고 $x^2 - y^2$과 $(x+y)(x-y)$는 같은 식이다. 문자 x와 y에 어떤 수를 넣어도 $x^2 - y^2$와 $(x+y)(x-y)$는 같다. 의심이 간다면 직접 수를 대입해봐도 좋다. **<항등식 증명하기>**에서 봤듯이 특정한 값이 아니라 모든 x와 y에 대해 두 식 $x^2 - y^2$와 $(x+y)(x-y)$이 같음을 증명하기 위해서는 모든 수에 대해서 성립하는 것으로 이미 알려진 성질(예. $x+y = y+x$, $m(x+y) = mx+my$ 등)을 활용한다. $(x+y)(x-y)$을 전개하면 $x^2 - y^2$이므로 인수분해란 전개의 반대라고 생각할 수도 있다.

- **왜 다항식인가?**

  세상에는 여러 가지 종류의 식(또는 함수)이 존재한다. 삼각함수(sin, cos 등), 지수함수, 로그함수 등을 들어본 적이 있을 것이다. 이 함수들은 어떤 면에서 다항식보다 복잡하다. 예를 들어 $\log x$를 보자. $x = 7$일 때 함수값 $\log 7$는 무엇인가? $\sqrt{x}$에서 $x = 11$일 때 함수값 $\sqrt{11}$는 무엇인가? 구하기 쉽지 않다. 그에 비해 다항식은 쉽다. 어떤 다항식 $f(x)$의 계수가 정수라면, $f(7)$ 또는 $f(11)$을 구하는 것은 어렵지 않다. 복잡해 보이는 다항식 $120x^2 + 15x - 1$ 또는 $x^5 - 3x^4 + 7x^3 - 5x^2 + 3x + 2$에서 $x = 7$ 또는 $x = 11$일 때 값을 구하는 것은 덧셈, 뺄셈, 곱셈만 할 줄 알면 된다.

- **왜 곱이냐?**

  곱은 합과 달리 유일하다. 예를 들어 $x^2 - 1$을 두 다항식의 곱으로 표현하는 방법은 $(x+1)(x-1)$뿐이다. 반면 다항식의 합으로 표현하는 방법은 무수히 많다.

  $$\begin{aligned} x^2 - 1 &= ((x+1)^2) + (-2x-2) = ((x-1)^2) + (2x-2) \\ &= (x^2 + x) + (-x - 1) \quad = \quad \cdots \end{aligned}$$

  $x^2 - 1 = (x+1)(x-1)$에 $x = 1$ 또는 $x = -1$을 대입하면 0이 된다. 이런 사실을 이용하면 그래프 $y = x^2 - 1$의 모양을 대충 짐작할 수 있다. 방정식 $x^2 - 1 = 0$은 $x^2 - 1$을 인수분해를 할 수 있다면 손쉽게 풀 수 있다. 그 밖에도 인수분해는 유리식의 정리, 함수의 미분 등에 두루 쓰인다. 주어진 다항식의 의미를 알고 싶다면, 우선 인수분해를 하자!

다음은 앞으로 인수분해하게 될 다항식의 예시이다.

- $x^2 - 5, \quad x^2 - 3$
- $x^3 + x^2 + x + x^2y + xy + y$
- $x^2 - 2x - 3$
- $x^3 + 3x^2 + x + 3$
- $5x^3 + 2x^2 + 15x + 6$
- $x^3 + 3x^2 + 3x + 1$
- $x^3 - 8, \quad x^3 - 6x + 9$
- $x^4 + 4x^2 + 3, \quad 3y^4 + 10y^2 + 3$
- $x^4 - 3x^3 - 2x^2 - 3x + 1$
- $x^3 + y^3 + z^3 - 3xyz$

이들 다항식을 어떻게 인수분해할 수 있을까? 이런 질문이 도움이 될 것이다.

무엇이 반복되는가? 어떻게 반복되는가?
작은 실마리라도 얻을 수 없을까?

본격적으로 인수분해를 하기 전에 큰 그림을 먼저 보자. 위의 여러 가지 인수분해를 비슷한 것끼리 묶어보자. 가장 먼저 눈에 들어오는 것은 사용된 문자의 개수이다. 문자가 하나 사용된 경우도 있고, 두 개, 세 개가 사용된 경우도 있다. 그리고 차수가 있다. 최고차항이 1차인 경우도 있고, 2차, 3차인 경우도 있다.

갤러리 : 다항식의 그래프

낮은 차수의 다항식은 고차수의 다항식보다 단순하다는 것은 아래의 그래프를 통해 확인할 수 있다. 다음은 1,2,3,4차 다항식을 무작위로 시각화한 것이다.

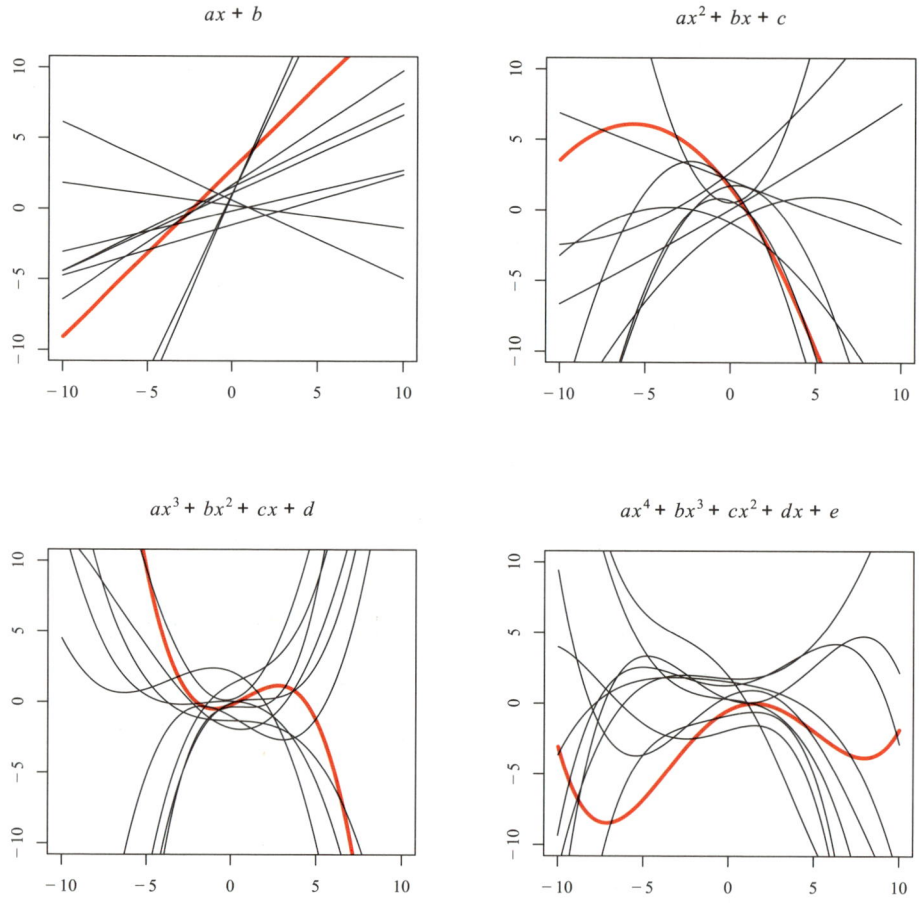

인수분해의 기초 : 반복되는 요소를 찾아라

인수분해하는 첫 번째 방법은 모든 항에 존재하는 공통의 인수를 찾아내는 것이다. 더하기 기호(+) 또는 빼기 기호(−)로 나눠진 각 항에서 반복되는 요소를 찾자.

$$xy + x$$
$$ab - ac + a$$

모든 항에 공통적으로 존재하는 공통인수를 찾는다. 그리고 곱셈의 분배법칙$(xy + xz = x(y + z))$을 활용하여 반복되는 요소를 합치면 된다.

$$\boldsymbol{x}y + \boldsymbol{x} = \boldsymbol{x}(y + 1)$$
$$\boldsymbol{a}b - \boldsymbol{a}c + \boldsymbol{a} = \boldsymbol{a}(b - c + 1)$$

x를 $1 \times x$ 또는 $x \times 1$로 나타낼 수 있음을 알고 있다면 어렵지 않다.

괄호가 존재할 수도 있다. 이때에는 전개를 해서 괄호를 없앤 후, 공통인수를 찾는다.

$$(x - b)a + ab + 7x = ax - ab + ab + 7x = (a + 7)x$$

괄호를 푼 후 정리할 수 있는 것은 정리해야 공통인수가 눈에 들어온다.

$$-ab + ab = 0$$

$xy+x(a+b)$를 인수분해해 보자. 괄호를 풀고, 모든 항에서 반복적으로 나타나는 부분을 찾는다.

$$xy + x(a+b) = \boldsymbol{x}y + a\boldsymbol{x} + b\boldsymbol{x} = \boldsymbol{x}(y+a+b)$$

괄호를 풀지 않고 공통적인 부분을 찾을 수 있다면, 바로 진행해도 좋다.

$$\boldsymbol{x}y + \boldsymbol{x}(a+b) = \boldsymbol{x}\{y + (a+b)\} = \boldsymbol{x}(y+a+b)$$

좀 더 간편하다. 수학은 반복되는 요소를 빨리 찾을수록 쉬워진다. 제곱, 세제곱의 경우에도 크게 어렵지 않다.

$$x^2 + x$$
$$x^3 + 3x^2$$

$x^2 = x \times x$, $x^3 = x \times x \times x$임을 안다면 같은 방식으로 인수분해가 가능하다.

$$x^2 + x = \boldsymbol{x} \times x + x = \boxed{x} \times \boldsymbol{x} + \boxed{x} \times \boldsymbol{1}$$
$$= \boxed{x}(\boldsymbol{x} + \boldsymbol{1})$$

$$x^3 + 3x^2 = \boldsymbol{x} \times \boldsymbol{x} \times x + 3\boldsymbol{x} \times \boldsymbol{x} = \boxed{x \times x} \times \boldsymbol{x} + \boldsymbol{3} \times \boxed{x \times x}$$
$$= \boxed{x \times x} \times (\boldsymbol{x} + \boldsymbol{3})$$
$$= \boxed{x \times x}(\boldsymbol{x} + \boldsymbol{3})$$

×가 아니라 ·를 쓰거나 곱셈기호를 생략한다면 항이 어디서 나눠지는지 좀 더 명확하게 눈에 들어온다.

$$x \times x + x = x \cdot x + x = xx + x$$
$$x \times x \times x + 3 \times x \times x = x \cdot x \cdot x + 3 \cdot x \cdot x = xxx + 3xx$$

모든 인수분해가 이렇게 간단하다면 얼마나 좋을까?

$$\boldsymbol{x} + \boldsymbol{x}^2 y + a\boldsymbol{x} = \boldsymbol{x}(1 + xy + a)$$

문제는 모든 항에 공통의 인수가 없을 때에도 인수분해가 가능할 수 있다는 사실이다.

다음 식을 인수분해해 보자.

$$xy + 3x + y + 3$$

모든 항에 공통적으로 존재하는 인수가 없다. 그래도 부분적으로 반복되는 인수는 있다. 예를 들어 x는 $\boldsymbol{xy}$와 $\boldsymbol{3x}$에서 공통적으로 발견되고, y는 $\boldsymbol{xy}$와 $\boldsymbol{y}$에서 공통적으로 발견된다. 3은 $\boldsymbol{3x}$와 $\boldsymbol{3}$에서 반복되고 있다. 이들을 합쳐보자.

먼저 $\boldsymbol{x}$를 합쳐보자.

$$\boldsymbol{x}(y + 3) + y + 3$$

무엇이 보이는가? 주어진 식을 다음과 같이 고쳐보자.

$$x(\boldsymbol{y + 3}) + (\boldsymbol{y + 3})$$

인수분해의 기초 : 반복되는 요소를 찾아라   147

$(y+3)$이 반복되고 있다! 따라서 다음과 같이 바꿔 쓸 수 있다.

$$x(y+3) + (y+3) = x(y+3) + 1(y+3)$$
$$= \boxed{x}\boxed{(y+3)} + \boxed{1} \times \boxed{(y+3)}$$
$$= (\boxed{x} + \boxed{1})\boxed{(y+3)}$$

x가 아니라 y를 먼저 합칠 수도 있다.

$$xy + 3x + y + 3 = (x+1)y + 3x + 3$$

반복되던 y는 더 이상 반복되지 않는다. 이제 더 이상 반복되는 부분이 없는가? 그렇지 않다. 3이 반복되고 있다. 이를 합쳐보자.

$$(x+1)y + 3(x+1)$$

이제 다시 식을 보자. 무엇이 반복되고 있는가? $(x+1)$! 합친다.

$$(x+1)y + 3(x+1) = (x+1)(y+3)$$

이번엔 처음으로 되돌아가서 3을 먼저 합치는 방법도 생각해 볼 수 있다.

$$xy + 3x + y + 3 = xy + y + 3(x+1)$$

그리고 여전히 반복되고 있는 y을 합치자.

$$y(x+1) + 3(x+1)$$

무엇이 반복되고 있는가? $(x+1)$! 따라서,

$$y(x+1) + 3(x+1) = (y+3)(x+1).$$

비록 모든 항에 공통적으로 존재하는 인수를 찾을 순 없지만, 단계적으로 공통적인 요소를 찾아내고, 합쳐나가면 인수분해가 가능했다. 다음의 문제들을 풀어보자.

$$ab + 2a + b + 2$$
$$5xy + 5y + 2x + 2$$
$$10xy + 10y$$
$$xy + 3x - 2y - 6$$

마지막 식을 보자. 인수분해할 수 있는가?

1차 다항식의 인수분해: (부분적으로) 반복되는 요소를 찾아라

다음의 다항식을 인수분해 해보자.

$$xy + 3x - 2y - 6$$

먼저 반복되는 요소를 확인한다. x, y가 반복되고 있다. 먼저 x를 합쳐보자.

$$x(y+3) - 2y - 6$$

다시 반복되는 부분을 찾는다. 반복되는 부분이 금방 들어오지 않는가? 그렇다면 앞에서 인수분해 했던 방법을 회상해보자. $x(y+3)$의 $(y+3)$과 $-2y-6$에 **공통적인 부분이 있다면 좋을 것이다.** 하지만 눈에 금방 들어오지 않는다. 이때 한 가지 방법은 공통적인 요소를 만들어주는 것이다. 여기서에서도 여전히 다음과 같은 구호가 반복된다.

공통적인 요소를 찾아라!
없다면 만들어라!

$y+3$과 $-2y-6$에 공통적인 부분을 찾아보자. $-2y-6 = -2(y+3)$이다! 간단하게 $2y-6$를 $y+3$으로 나눠보면 된다. 다른 방법으로 **$-2y$** -6의 **$-2y$** 와 $y+3$의 **y** 를 주목하여 $y+3$에 "곱하기 -2"를 해 볼 수도 있다.

어쨌든 $x(y+3) - 2y - 6 = x\boldsymbol{(y+3)} - 2\boldsymbol{(y+3)}$이고, $(y+3)$을 합치면 $(x-2)(y+3)$이 된다.

$x(y+3) - 2y - 6$에 인수분해하는 다른 방법은 **소인수분해**를 통해 **부분적인 반복**을 확인하는 것이다. $x(y+3) - 2y - 6$의 계수를 소인수분해해보자.

$$x(y+3) - 2y - 2\cdot 3$$

이제 무엇이 반복되는가? 2! 따라서,

$$x(y+3) - 2(y+3).$$

그리고 반복되고 있는 $(y+3)$를 합치면 다음과 같다.

$$x(y+3) - 2(y+3) = (x-2)(y+3)$$

이렇게 인수분해란 이렇게 어렵지 않다. 단지 반복되는 요소를 찾아 합치면 된다. 반복되는 요소가 없다면 만들어 준다.

다음 식을 인수분해해 보자.

$$xyz - 3xy + 2xz + yz - 6x - 3y + 2z - 6$$

변수가 3개나 된다! 하지만 하나씩 접근해 나간다면 어려울 것도 없다. 주어진 식은 모든 변수의 1차식이며 동일한 방법으로 접근할 수 있다. 먼저 x를 합쳐보자.

$$(yz - 3y + 2z - 6)x + yz - 3y + 2z - 6$$

다시 반복되는 부분을 찾는다. $(yz-3y+2z-6)x+yz-3y+2z-6$에는 반복되는 요소가 여럿 존재한다. y, z뿐 아니라, $yz, -3y, 2z, 5$도 반복되는 요소로 생각할 수 있다. 그런데 좀 더 시야를 넓혀보자. 이 모두가 반복되고 있지 않은가?

$$\boldsymbol{(yz - 3y + 2z - 6)}x + \boldsymbol{yz - 3y + 2z - 6}$$

$yz - 3y + 2z - 6$가 통째로 반복되고 있다! 이제 이것을 하나로 합치자.

$$(yz - 3y + 2z - 6)(x + 1)$$

인수분해를 했다! 인수 $yz - 3y + 2z - 6$과 $x + 1$를 찾아냈다. 하지만 인수 $yz - 3y + 2z - 6$이 지나치게 길어보이지 않는가? $yz - 3y + 2z - 6$ 에는 y, z가 하나 이상 존재한다. 앞에서와 마찬가지 방법을 사용하면,

$$yz - 3y + 2z - 6 = (y + 2)z - 3y - 6 = (y + 2)(z - 3).$$

따라서 전체식은 다음과 같이 인수분해된다.

$$xyz - 3xy + 2xz + yz - 6x - 3y + 2z - 6 = (z - 3)(y + 2)(x + 1)$$

마지막으로 다음 식을 인수분해해 보자.

$$2xyz - 2xy - xz + x + 3yz - 3y$$

마찬가지이다. 해오던 대로 해보자. 먼저 모든 항에 공통적인 인수가 있는지 확인한다. 없다. 따라서 일부 항에서 반복적으로 나타나는 인수를 찾는다. x, y, z 모두 두 번 이상 반복되고 있다. 일단 x로 묶어보자.

$$2xyz - 2xy - xz + x + 3yz - 3y = (2yz - 2y - z + 1)x + 3yz - 3y$$

x의 계수 $2yz - 2y - z + 1$과 $3yz - 3y$가 같거나 상수배였다면 참 좋았을 것이다. 하지만 실망하긴 이르다. 부분적으로 반복되는 부분이 없는지 확인해 보자. 여기서는 $2yz - 2y - z + 1$과 $3yz - 3y$를 각각 인수분해 해본다. (계수를 소인수분해하는 것과 비슷하다. **<계수에서 공통 요소를 찾아라 (변수가 하나인 3차 다항식)>** 참조.)

- $2yz - 2y - z + 1 = (2z - 2)y - z + 1 = 2(z - 1)y - (z - 1) = (z - 1)(2y - 1)$

- $3yz - 3y = 3y(z-1)$

이 결과에서 공통인수를 발견할 수 있는가? 있다. $(z-1)$. 원래의 식은 다음과 같이 쓸 수 있다.

$$2xyz - 2xy - xz + x + 3yz - 3y = (2yz - 2y - z + 1)x + 3yz - 3y$$
$$= (z-1)(2y-1)x + 3y(z-1)$$

이제 두 항 $(z-1)(2y-1)x$와 $3y(z-1)$의 공통인수를 활용하여 인수분해를 한다.

$$(z-1)(2y-1)x + 3y(z-1) = \boldsymbol{(z-1)}\{(2y-1)x + 3y\}$$

인수분해와 변수의 개수

수학에서 많은 경우에 변수의 개수가 늘어날수록 문제가 어렵다. "미지수가 하나인 1차 방정식"보다 "미지수가 둘인 1차 방정식"이 어렵다. 인수분해에서도 마찬가지일까?

꼭 그렇진 않다. 다음의 식을 인수분해해 보자.

$$xy + 3x - 2y - 6$$

앞에서 소개한 방법을 사용하면 별로 어렵지 않다. 반복되는 x를 합치면, $(y+3)x - 2y - 6$. 그리고 나머지 반복되는 요소 $(y+3)$을 찾아내면 $(y+3)x - 2(y+3) = (y+3)(x-2)$이 된다.

그렇다면 다음의 식을 인수분해해 보자.

$$x^2 + x - 6$$

앞에서와 같이 시도해 보자. x^2을 xx라고 표현하면 $xx + x - 6$이 되고, 두 항에서 반복되고 있는 x를 줄여보면 $x(x+1) - 6$이 될 것이다. 하지만 더 이상 나아갈 곳이 없다.

$x(x+1) - 6$이 아니라 $x(x+1) - 6x$라면 $x(x+1-6)$이 될 것이고, $x(x+1) - 6$이 아니라 $x(x+1) - 6(x+1)$라면 $(x-6)(x+1)$이 될 것이지만, $x(x+1) - 6$은 더 이상 두 항에서 반복되는 요소를 찾을 수 없다.[1]

이번에는 앞에서 인수분해한 $xy + 3x - 2y - 6$를 다시 보자.

---

[1]분배법칙을 기억하자. $ma + mb = m(a+b)$에서 m은 덧셈으로 연결되어 있는 두 항에서 반복되고 있다. 만약 곱셈이었다면? $ma \cdot mb = m^2 ab$. 만약 나눗셈이었다면? $\frac{ma}{mb} = \frac{a}{b}$.

$xy + 3x - 2y - 6 = (y+3)(x-2)$ 에서 $y = x$ 라고 놓으면,

$$x^2 + 3x - 2x - 6 = (x+3)(x-2).$$

이때 $x^2 + 3x - 2x - 6$은 $x^2 + x - 6$이 아닌가? 따라서 $x^2 + x - 6$은 $(x+3)(x-2)$으로 인수분해된다. [의심되면 $(x+3)(x-2)$를 전개해 보자.]

그럼 다시 $x^2 + x - 6$를 보자. 분명히 모든 항에 공통적인 인수는 없다. 그리고 다음과 같이 x로 묶었을 때에는 인수분해가 불가능했다.

$$x(x+1) - 6$$

하지만 인수분해 결과는 $(x+3)$ 또는 $(x-2)$로 묶었어야 했음을 암시한다. 실제로 $x^2 + x - 6$을 $(x+3)$으로 나누면 몫이 $(x-2)$이고, 나머지가 0이다. 이렇게 생각할 수도 있다. 다항식 $x^2 + x - 6$의 상수항을 제외한 $x^2 + x$에 먼저 집중하자. $x^2 + x$를 $(x+3)$으로 묶으면 $x^2 + x = (x+3)x - 2x$이고 $(x+3)$로 묶인 $(x+3)x$를 제외한 나머지 $-2x$와 원래 다항식의 상수항 -6를 합친 $-2x - 6$을 $(x+3)$으로 묶으면 $-2x - 6 = -2(x+3)$가 된다. 따라서 다음과 같이 인수분해된다.[2]

$$x^2 + x - 6 = (x+3)x - 2x - 6 = (x+3)x - 2(x+3)$$
$$= \boxed{(x+3)}\,x - 2\,\boxed{(x+3)}$$
$$= \boxed{(x+3)}(x - 2).$$

---

[2] 사실 이 과정은 $x^2 + x - 6$을 $(x+3)$으로 나누는 과정과 동일하다.

그렇다면 $xy+3x-2y-6$와 x^2+x-6의 차이는 무엇인가? $xy+3x-2y-6$는 xy항이 존재하기 때문에 **x, y의 2차식**이지만, x^2 또는 y^2가 나타나지 않기 때문에 **x의 1차식**이고 **y의 1차식**이다. 반면 x^2+x-6는 x의 2차식이다. 간단하게 말해 $xy+3x-2y-6$에는 x^2 또는 y^2이 없지만 x^2+x-6에는 x^2이 존재한다.

x^2+x-6이 모든 항에 존재하는 공통적인 인수나 부분적인 공통인수를 찾아내는 방법으로 인수분해할 수 없는 이유는 x^2+x-6가 x의 2차식이기 때문이다. 반면 $xy+3x-2y-6$는 x의 1차식이다.

상술해보자. $xy+3x-2y-6$의 경우는 x 또는 y의 1차식으로 정리를 하는 과정에서 (x+상수) 또는 (y+상수)꼴의 인수가 저절로 나타났다!

$$xy+3x-2y-6 = \boxed{(y+3)}x-2y-6$$
$$xy+3x-2y-6 = \boxed{(x-2)}y+3x-6$$

$xy+3x-2y-6 = \boxed{(y+3)} \cdot \boxed{(x-2)}$ 임을 상기해 보면 위의 식에서 **x** 또는 **y**의 계수에 인수가 드러나 있음을 확인할 수 있다.

하지만 x^2+x-6의 경우에는 ($x+3$) 또는 ($x-2$)이 저절로 나타나게 할 수 있는 방법이 없다. 시중의 많은 수학책에서 변수가 여럿인 다항식을 인수분해하고자 할 때에는 최고차항이 가장 낮은 변수로 정리하라고 말한다. 하지만 그 이유에 대해서는 알려주지 않는다. 사실 이 부분은 저자가 고등학교 때 자주 잊어버렸던 내용이고, 따라서 그 이유를 알고 싶었다.

이유는 간단하다. 대부분의 경우 1차식의 인수분해가 2차식의 인수분해보다 쉽고, 2차식의 인수분해가 3차식의 인수분해보다 쉽기 때문이다. 특히 1차식은 1차항의 계수와 상수항의 계수에 공통인수가 존재하지 않는다면 인수분해가 불가능하다.

$$(x+1)y + 2(x+1) = (x+1)(y+2)$$

$$(x+1)y + x + 2 = ?$$

그렇다면 앞에서 살펴본 2차식의 경우에는 어떻게 해야 할까? 이 문제에 대한 해결법을 소개하기 전에 단순히 반복되는 요소를 찾아내서 인수분해가 가능한 경우를 좀 더 살펴보자.

변수가 하나인 3차 다항식의 인수분해 : 계수의 반복

다음의 3차 다항식을 인수분해해 보자.

- $x^3 + 3x^2 + x + 3$

- $x^3 - 4x^2 + x - 4$

- $-2x^3 + x^2 - 2x + 1$

- $3x^3 + 2x^2 + 3x + 2$

앞에서도 봤듯이 가장 먼저 할 일은 모든 항에 공통적으로 존재하는 공통인수를 찾는 것이다. 없다. 위의 다항식에서 x는 인수가 아니다(다른 말로 상수항이 존재한다). 하지만 앞에서 살펴봤듯이 $ax + b(a, b : 상수)$ 꼴이 가능할 수도 있다.

하지만 그런 걱정을 하기 전에 주어진 식을 자세히 살펴보자. 뭔가 특별한 점이 없는가? 여기서 주목할 점은 반복되는 계수이다. 일단 동일한 계수끼리 묶어보자. 공통인수를 발견할 수 있는가? 만약 발견할 수 없다면 묶여진 항들을 다시 인수분해해본다(다시 말해서 괄호 안의 식을 따로 떼어 내어 공통인수를 찾는다).

$x^3 + 3x^2 + x + 3 \quad = 1x^3 + 1x + 3x^2 + 3 \quad = \mathbf{1}(x^3 + x) + \mathbf{3}(x^2 + 1)$
$\qquad\qquad\qquad\quad = 1x(x^2 + 1) + 3(x^2 + 1) = (x + 3)(x^2 + 1)$

$x^3 - 4x^2 + x - 4 \quad = (x^3 + x) + (-4x^2 - 4) = \mathbf{1}(x^3 + x) - \mathbf{4}(x^2 + 1)$
$\qquad\qquad\qquad\quad = x(x^2 + 1) - 4(x^2 + 1) \ = (x - 4)(x^2 + 1)$

$-2x^3 + x^2 - 2x + 1 = (-2x^3 - 2x) + (x^2 + 1) = \mathbf{-2}(x^3 + x) + \mathbf{1}(x^2 + 1)$
$\qquad\qquad\qquad\quad = -2x(x^2 + 1) + (x^2 + 1) = (-2x + 1)(x^2 + 1)$

$3x^3 + 2x^2 + 3x + 2 = (3x^3 + 3x) + (2x^2 + 2) = \mathbf{3}(x^3 + x) + \mathbf{2}(x^2 + 1)$
$\qquad\qquad\qquad\quad = 3x(x^2 + 1) + 2(x^2 + 1) = (3x + 2)(x^2 + 1)$

자연스럽게 인수분해된다!

다음의 경우도 인수분해해 보자.

- $x^3 + x^2 + 3x + 3$

- $x^3 + x^2 - 4x - 4$

- $-2x^3 - 2x^2 + x + 1$

- $3x^2 + 3x^2 + 2x + 2$

인수분해는 다음과 같이 진행될 것이다.

$$x^3 + x^2 + 3x + 3 = (x^3 + x^2) + 3(x+1)$$
$$= x^2(x+1) + 3(x+1) = (x^2 + 3)(x+1)$$

$$x^3 + x^2 - 4x - 4 = (x^3 + x^2) + (-4x - 4)$$
$$= x^2(x+1) - 4(x+1) = (x^2 - 4)(x+1)$$

$$-2x^3 - 2x^2 + x + 1 = (-2x^3 - 2x^2) + (x+1)$$
$$= -2x^2(x+1) + (x+1) = (-2x^2 + 1)(x+1)$$

$$3x^3 + 3x^2 + 2x + 2 = (3x^3 + 3x^2) + (2x + 2)$$
$$= 3x^2(x+1) + 2(x+1) = (3x^2 + 2)(x+1)$$

위의 식은 모두 2차식과 1차식의 곱으로 인수분해되었는데, 이 들 중 몇몇 2차식은 다시 1차식의 곱으로 인수분해할 수 있다(나중에 그 방법을 배울 것이다).

앞에서 인수분해했던 식을 정리해 보자. 3차 다항식을 인수분해할 때 계수의 특수성(동일한 계수의 반복)을 활용하면 다음의 두 가지 다항식의 인수분해가 가능함을 보았다(x : 변수, A, B : 상수).

- $Ax^3 + Bx^2 + Ax + B$
- $Ax^3 + Ax^2 + Bx + B$

이제 다음의 다항식을 인수분해해 보자.

- $3x^3 + 3x^2 + 3x + 3$

- $2x^3 + 2x^2 + 2x + 2$

- $-x^3 - x^2 - x - 1$

이 식을 처음 보게 되면, 모든 계수가 동일하기 때문에 무엇을 기준으로 항을 나눠야 할지 난감할 수도 있다. 하지만 이렇게 모든 계수가 동일한 식들은 앞에서 설명한 두 가지 경우에 모두 해당한다. 따라서 두 경우 중에서 따라서 어느 방법을 사용해도 무방하다.

- $3x^3 + 3x^2 + 3x + 3$

    $= 3(x^3 + x) + 3(x^2 + 1) = 3x(x^2 + 1) + 3(x^2 + 1) = 3(x+1)(x^2+1)$

    $= 3(x^3 + x^2) + 3(x+1) = 3x^2(x+1) + 3(x+1) = 3(x^2+1)(x+1)$

- $2x^3 + 2x^2 + 2x + 2$

    $= 2(x^3 + x) + 2(x^2 + 1) = 2x(x^2 + 1) + 2(x^2 + 1) = 2(x+1)(x^2+1)$

    $= 2(x^3 + x^2) + 2(x+1) = 2x^2(x+1) + 2(x+1) = 2(x^2+1)(x+1)$

- $-x^3 - x^2 - x - 1$

    $= -(x^3 + x) - (x^2 + 1) = -x(x^2 + 1) - (x^2 + 1) = -(x+1)(x^2+1)$

    $= -(x^3 + x^2) - (x+1) = -x^2(x+1) - (x+1) = -(x^2+1)(x+1)$

계수에서 공통 요소를 찾아라 (변수가 하나인 3차 다항식)

다음의 숫자에서 공통점을 찾아보자.

$$21, \quad 48, \quad 84, \quad 644$$

잘 모르겠는가? 그렇다면 소인수분해를 해보자.

$$3 \cdot 7, \quad 7^2, \quad 2^2 \cdot 3 \cdot 7, \quad 3 \cdot 7 \cdot 31$$

이제 알겠는가? 서로 아무 연관없이 나열된 듯 보이지만, 소인수분해를 하면 부분적인 공통점을 찾아낼 수 있다.

다음의 3차 다항식을 보자.

- $x^3 + 3x^2 + 2x + 6$

- $5x^3 + 2x^2 + 15x + 6$

- $6x^3 + 10x^2 + 18x + 30$

앞에서 살펴본 3차 다항식과 다르게 반복되는 계수가 없다. 그래도 뭔가 공통점 (혹은 반복되는 요소)를 찾아보자. 한 가지 방법은 계수를 소인수분해하는 것이다.

- $x^3 + 3x^2 + 2x + 6 = x^3 + 3x^2 + 2x + 2 \cdot 3$

- $5x^3 + 2x^2 + 15x + 6 = 5x^3 + 2x^2 + 3 \cdot 5x + 2 \cdot 3$

- $6x^3 + 10x^2 + 18x + 30 = 2 \cdot 3x^3 + 2 \cdot 5x^2 + 2 \cdot 3^2 x + 2 \cdot 3 \cdot 5$

이제 각 식을 인수분해하고자 한다면 어떻게 해야 할까? 예전에 했던 방법을 그대로 따라 해보자. 반복되는 계수끼리 묶어준다.

- $x^3 + 3x^2 + 2x + 6$

  $= x^3 + 3x^2 + \mathbf{2}x + \mathbf{2} \cdot 3$

  $= (x^3 + 3x^2) + 2(x+3) = x^2(x+3) + 2(x+3) = (x^2+2)(x+3)$

- $5x^3 + 2x^2 + 15x + 6$

  $= 5x^3 + 2x^2 + \mathbf{3} \cdot 5x + 2 \cdot \mathbf{3}$

  $= \boxed{(5x+2)}x^2 + \mathbf{3}\boxed{(5x+2)}$

  $= \boxed{(\mathbf{5x+2})}(x^2 + \mathbf{3})$

가끔은 모든 계수에 포함되는 공통인수가 있을 수 있다. 이때에는 모든 항의 공통인수를 앞으로 빼내면, 괄호 안의 식은 새로 인수분해해야 할 식이 된다.

- $6x^3 + 10x^2 + 18x + 30 = \mathbf{2} \cdot 3x^3 + \mathbf{2} \cdot 5x^2 + \mathbf{2} \cdot 3^2 x + \mathbf{2} \cdot 3 \cdot 5$

  $= 2(3x^3 + 5x^2 + 3^2 x + 3 \cdot 5) = 2\{3(x^3 + 3x) + 5(x^2 + 3)\}$

  $= 2\{3x(x^2+3) + 5(x^2+3)\} = 2(x^2+3)(3x+5)$

이제 다음 식을 인수분해해 보자.

- $2x^3 - x^2 + 4x - 2$

앞에서와 동일한 방식을 활용하면 된다.

- $2x^3 - x^2 + 4x - 2 = 2x^3 - x^2 + 2 \cdot 2x - 2 = (2x^3 + 2 \cdot 2x) + (-x^2 - 2)$

$$= 2x(x^2 + 2) - (x^2 + 2) = (2x - 1)(x^2 + 2)$$

그런데 다시 생각해보면 동일한 인수를 찾아서 항을 나눈다고 생각하면 다음과 같이 나눌 수도 있지 않은가?

$$2x^3 - x^2 + 4x - 2 = 2x^3 - x^2 + 2 \cdot 2x - 2 = 2(x^3 + 2x - 1) - x^2$$

하지만 이렇게 해서는 인수분해가 불가능하다. 그렇다면 3차 다항식의 인수분해에서 핵심은 반복되는 계수를 찾는 것이 아닐지도 모른다.

계수에서 반복되는 요소를 찾아내는 것은 유용하다. 하지만 이 방법으로 모든 문제를 풀 수 없음을 유의하자. 4개의 항을 2개씩 묶는 방법이 유용할 때도 있다.

다음을 인수분해해 보자.

- $x^3 + \dfrac{7}{2}x^2 + 2x + 7$
- $2x^3 + 3x^2 + x + \dfrac{3}{2}$
- $5x^3 + \dfrac{1}{5}x^2 + 25x + 1$

위의 식은 계수에 분수가 포함되어 있기 때문에 앞서와 같이 계수를 소인수분해해서 공통된 인수를 찾는 방식으로 항을 나누기 어렵다. 그렇다고 상심하진 말자. **분수 계수를 정수로 바꾸는 방법이 있다.**

- $x^3 + \dfrac{7}{2}x^2 + 2x + 7 = \dfrac{1}{2}(2x^3 + 7x^2 + 4x + 14)$
- $2x^3 + 3x^2 + x + \dfrac{3}{2} = \dfrac{1}{2}(4x^3 + 6x^2 + 2x + 3)$

- $5x^3 + \frac{1}{5}x^2 + 25x + 1 = \frac{1}{5}(25x^3 + x^2 + 75x + 5)$

그다음부터는 마찬가지다.

- $x^3+\frac{7}{2}x^2+2x+7 = \frac{1}{2}(2x^3+7x^2+4x+14) = \frac{1}{2}(2x^3+7x^2+2\cdot 2x+2\cdot 7)$
- $2x^3+3x^2+x+\frac{3}{2} = \frac{1}{2}(4x^3+6x^2+2x+3) = \frac{1}{2}(2\cdot 2x^3+2\cdot 3x^2+2x+3)$
- $5x^3+\frac{1}{5}x^2+25x+1 = \frac{1}{5}(25x^3+x^2+75x+5) = \frac{1}{5}(5\cdot 5x^3+x^2+5^3x+5)$

문제를 푸는 2가지 방법

인수분해에서 계수에 존재하는 반복되는 요소(혹은 공통 요소)는 길잡이 역할을 해 준다.

$$x^3 + 3x^2 + 2x + 6 = x^3 + 3x^2 + \mathbf{2}x + \mathbf{2} \cdot 3$$

문제를 푸는 첫 번째 방법은 문제 자체에서 실마리를 찾아내는 것이다. 반복되는 요소를 찾아라! 하지만 때로는 같은 것을 다르게 볼 줄도 알아야 한다.

$3x^3 + 3x^2 + 3x + 3$

$$\mathbf{3}x^3 + \mathbf{3}x^2 + \mathbf{3}x + \mathbf{3}$$
$$= \mathbf{3}(x^3 + x^2) + \mathbf{3}(x + 1)$$

문제를 푸는 두 번째 방법은 기존에 사용했던 방법을 적용해 보는 것이다. 기존의 방법이 새로운 상황에서 성공적으로 작동할지에 대한 확신은 없다. 하지만 일단 해본다.

위에서 제시한 두 다항식 $x^3 + 3x^2 + 2x + 6$ 과 $3x^3 + 3x^2 + 3x + 3$ 에서 단순히 x^3 과 x^2 을 함께 묶거나, x^3 과 x 를 함께 묶어보자. 계수에 상관없이 ($\bigcirc x^3 + \blacktriangledown x^2) + (\square x + \triangle)$ 혹은 ($\bigcirc x^3 + \square x) + (\blacktriangledown x^2 + \triangle)$ 꼴로 만들어 보는 것이다. 그리고 괄호 안의 식을 각각 인수분해한다. 어쩐지 공통인수를 찾을 수 있을 것 같은 예감이 든다.

$$x^3 + 3x^2 + 2x + 6 = (x^3 + 3x^2) + (2x + 6) = (x^3 + 2x) + (3x^2 + 6)$$
$$5x^3 + 2x^2 + 15x + 6 = (5x^3 + 2x^2) + (15x + 6) = (5x^3 + 15x) + (2x^2 + 6)$$
$$x^3 + x^2 + 3x + 3 = (x^3 + x^2) + (3x + 3) = (x^3 + 3x) + (x^2 + 3)$$
$$3x^3 + 3x^2 + 3x + 3 = 3(x^3 + x^2) + 3(x + 1) = 3(x^3 + x) + 3(x^2 + 1)$$

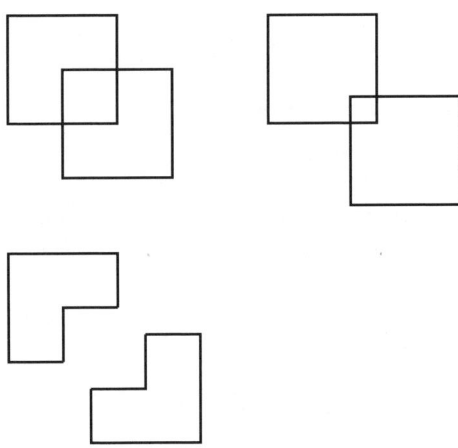

변수가 하나인 2차 다항식의 인수분해

이제 다시 x^2+x-6을 인수분해해 보자. 어떻게 인수분해할 수 있을까?

1. **무작정 시도해본다.**

   x^2+x-6은 여러 가지 다른 방법으로 나타낼 수 있다.

   $$x^2+x-6 = x^2 \boldsymbol{+2x-x}-6 = x(x+2)-(x+6)$$
   $$x^2+x-6 = x^2 \boldsymbol{+3x-2x}-6 = x(x+3)-2(x-3)$$
   $$x^2+x-6 = x^2 \boldsymbol{-x+2x}-6 = x(x-1)+2(x-3)$$
   $$\vdots$$

   언젠가 $x^2+x-6 = x(\boldsymbol{x+c})+\Box(\boldsymbol{x+c})$ 꼴로 변형시킬 수 있다면, 인수분해 결과는 $(x+\Box)(\boldsymbol{x+c})$가 된다.

2. **인수분해 결과를 예상해본다.**

   x^2+x-6를 인수분해한 결과는 $(x+a)(x+b)$가 될 것이다. 이것을 전개해보면 $x^2+(a+b)x+ab$이다. x^2+x-6와 계수를 비교해보면 $a+b=1$, $ab=-6$가 되어야 한다. 2차 다항식의 인수분해 문제가 "미지수가 둘 (a,b)인 2차 방정식"으로 변하였다. 어느 것이 더 쉬울까?

3. **정수 계수를 가정해본다.**

   만약 a,b가 정수라면 $ab=-6$를 만족하는 경우는 많지 않다. 다음의

8가지 경우뿐이다.

$$(a, b) = \ (6,-1), (3,-2), (2,-3), (1,-6),$$
$$(-1,6), (-2,3), (-3,2), (-6,1)$$

8가지가 많다고 생각할 수도 있다. 하지만 무작정 시도하는 방법과 비교해보자. $x^2 + x - 6$의 $+x$를 쪼개서 $x^2 + \nabla x + \triangle x + 6$을 만드는 방법은 무수히 많다.

$$\cdots, x^2 - 3x + 4x + 6, x^2 - 2x + 3x + 6, x^2 - x + 2x + 6,$$
$$x^2 + 2x - x + 6, x^2 + 3x - 2x + 6, \cdots$$

반면 $ab = -6$를 만족하는 정수 a, b는 겨우 여덟 가지뿐이다. 그리고 그때 $x^2 + (a+b)x + ab$는 다음과 같다.

(a, b)	$x^2 + (a+b)x + ab$
$(6,-1)$	$x^2 + 5x - 6$
$(3,-2)$	$\boldsymbol{x^2 + x - 6}$
$(2,-3)$	$x^2 - x - 6$
$(1,-6)$	$x^2 - 5x - 6$
$(-1,6)$	$x^2 + 5x - 6$
$(-2,3)$	$\boldsymbol{x^2 + x - 6}$
$(-3,2)$	$x^2 - x - 6$
$(-6,1)$	$x^2 - 5x - 6$

따라서 $x^2 + x - 6 = (x+3)(x-2) = (x-2)(x+3)$으로 인수분해 된다.

$3x^2 - 5x + 2$의 인수분해도 생각해보자. 인수분해한 결과는 $(ax+b)(cx+d)$가 될 것이다. $(ax+b)(cx+d)$를 전개하면 $acx^2 + (ad+bc)x + bd$이고, 따라서 다음의 3가지 조건을 만족해야 한다.

$$ac = 3$$
$$ad + bc = -5$$
$$bd = 2$$

미지수도 많고, 복잡해 보이지만, 우선 $ac = 3, bd = 2$에 집중하자. **만약 a, b, c, d가 모두 정수라면**, $ac = 3, bd = 2$를 만족하는 정수 a, b, c, d는 그리 많지 않다.

$$(a, c) = (3, 1), (1, 3), (-1, -3), (-3, -1)$$
$$(b, d) = (2, 1), (1, 2), (-1, -2), (-2, -1)$$

이 중에서 $ad + bd = -5$를 만족하는 경우을 찾으면 된다. 그 결과는 다음과 같다.

$$3x^2 - 5x + 2 = (3x - 2)(x - 1)$$

만약 주어진 2차 다항식이 a, b, c, d가 모두 정수인 $(ax+b)(cx+d)$로 인수분해된다면, 앞의 방법을 쓸 수 있다. 문제는 a, b, c, d가 모두 정수여야 한다는 점이다.

4. 정수 계수로 만들어준다.

예를 들어 $\frac{x^2}{2} - \frac{5}{6}x + \frac{1}{3}$ 를 인수분해해보자. 이 역시 $(ax+b)(cx+d)$ 꼴로 인수분해되겠지만, a, b, c, d 가 모두 정수는 아닐 것이다. 그리고 $ac = \frac{1}{2}, bd = \frac{1}{3}$ 를 만족하는 수 a, b, c, d는 무수히 많다.

앞의 경우와 무엇이 다른가? 앞에서는 2차식의 계수가 모두 정수였다. 그렇다면 그렇게 만들 순 없을까? 있다. 곱하기 6을 하면 된다. 물론 맘대로 6을 곱하면 안 된다.

$$\begin{aligned}\frac{x^2}{2} - \frac{5}{6}x + \frac{1}{3} &= \frac{1}{6} \times 6 \times \left(\frac{x^2}{2} - \frac{5}{6}x + \frac{1}{3}\right) \\ &= \frac{1}{6} \times \left\{6 \times \left(\frac{x^2}{2} - \frac{5}{6}x + \frac{1}{3}\right)\right\} \\ &= \frac{1}{6}(3x^2 - 5x + 2)\end{aligned}$$

$3x^2 - 5x + 2$는 앞에서 인수분해했던 식이다. $3x^2 - 5x + 2 = (3x-2)(x-1)$. 따라서 인수분해 결과는 다음과 같다.

$$\frac{x^2}{2} - \frac{5}{6}x + \frac{1}{3} = \frac{1}{6}(3x^2 - 5x + 2) = \frac{1}{6}(3x-2)(x-1)$$

변수가 하나인 2차 다항식의 인수분해

변수가 하나인 2차 다항식의 인수분해: 실수계수

$x^2 - 2x - 1$를 인수분해해 보자. 인수분해 결과는 $(x+a)(x+b)$이고, a, b가 정수라면 $ab = -1$을 만족하는 경우는 $(a, b) = (1, -1), (-1, 1)$뿐이다. 하지만 이를 대입해보면 $x^2 - 2x - 1$과 일치하지 않는다. 다른 방법이 있을까?

1. **시도해본다.**

    첫 번째 방법은 역시 시도해 보는 것이다. $ab = -1$가 될 만한 a, b를 예상해 본다. $a = 2 + \sqrt{5}, b = \frac{1}{2+\sqrt{5}} = 2 - \sqrt{5}$는 어떨까? $a = \frac{1}{7}, b = -7$는? 그리고 $x^2 + (a+b)x + ab$와 $x^2 - 2x - 1$를 비교해본다.

$$(x + 2 + \sqrt{5})(x + 2 - \sqrt{5}) = x^2 + 4x - 1$$
$$(x + \frac{1}{7})(x - 7) = x - \frac{48}{7}x - 1$$
$$\vdots$$

쉽지 않을 것이다. 여기서 다시 생각해보자. 우리가 원하는 것은 $a + b = -2, ab = -1$을 만족하는 a, b를 구하는 것이다. a, b가 정수일 때에는 $ab = -1$가 특별한 의미가 있었다. 하지만 a, b가 실수일 때에는 $ab = -1$가 $a + b = -2$보다 낫다고 할 수 없다. 따라서 $a + b = -2$를 만족하는 (a, b)를 시도해 볼 수도 있다. 예를 들어, $(-3, 1), (-1 + \frac{1}{3}, -1 - \frac{1}{3}), (-1 + \sqrt{3}, -1 - \sqrt{3})$ 등을 시도해 볼 수 있다. 하지만 앞에서 확인했듯이 정수 a, b는 불가능하므로 $(-3, 1)$

는 확인해 볼 필요도 없다.

$$\left(x - \frac{2}{3}\right)\left(x - \frac{4}{3}\right) = x^2 - 2x + \frac{8}{9}$$

$$(x - 1 + \sqrt{3})(x - 1 - \sqrt{3}) = x^2 - 2x - 2$$

$$\vdots$$

역시 쉽지 않을 것이다.

2. **한꺼번에 여러 수를 시도해 본다.**

이렇게 $a + b = -2$를 만족하는 수를 시도하다 보면 $\left(\frac{p}{q}\right)^2 = 2$를 만족하는 정수 $p, q(\neq 0)$를 찾는 문제와 비슷해보인다. 어떤 수가 주어진 조건을 만족하지 않음을 보이는 것은 너무 쉽다. 실제 계산을 해보면 된다. 하지만 주어진 조건을 만족하는 수를 직접 찾기란 건초더미에서 바늘 찾기처럼 어렵다.

앞의 시도를 다시 한번 보자. $a + b = -2$를 만족하는 (a, b)는 $(-1 + \frac{1}{3}, -1 - \frac{1}{3})$, $(-1 + \frac{1}{2}, -1 - \frac{1}{2})$, $(-1 + \sqrt{3}, -1 - \sqrt{3})$, $(-1 + \sqrt{5}, -1 - \sqrt{5})$ 등 무수히 많지만 공통점이 있다. 이들은 모두 $(-1 + m, -1 - m)$의 형태를 띠고 있다. 이들을 모두 한 번에 시도해 보는 것은 어떨까? $a = -1 + m$, $b = -1 - m$로 놓으면 $x^2 + \color{orange}{(a + b)}x + \color{orange}{ab}$는 다음과 같다.

$$x^2 + \color{orange}{2}x + \color{orange}{(-1 + m)(-1 - m)} = x^2 + \color{orange}{2}x + \color{orange}{(1 - m^2)}$$

이 식이 $x^2 + \color{orange}{2}x\color{orange}{-1}$와 같으려면 $\color{orange}{(1 - m^2) = -1}$이 되어야 한다.

이를 풀면 $m^2 = 2, m = \pm\sqrt{2}$이다. 따라서 $a = -1 + \sqrt{2}, b = -1 - \sqrt{2}$(또는 $a = -1 - \sqrt{2}, b = -1 + \sqrt{2}$)이고, $x^2 + 2x - 1$은 다음과 같이 인수분해된다.

$$x^2 + 2x - 1 = (x - 1 + \sqrt{2})(x - 1 - \sqrt{2})$$

변수가 하나인 2차 다항식의 인수분해: 방정식의 해

$x^2 - 2x - 1$을 인수분해 하는 다른 방법을 소개해보자.

범죄 수사 현장에는 여러 가지 단서가 흩어져 있다. 많은 단서 중에서 어떤 단서를, 어떤 실마리를 따라갈지를 판단하는 것은 오랜 수사 경험에서 나오기 마련이다.

사실 수학의 많은 문제 풀이법은 "풀 수 있는 문제로 만들어라"라고 정리할 수 있다. 예를 들어 "미지수가 둘인 1차 방정식"은 "미지수가 하나인 1차 방정식"으로 만들고, "미지수가 셋인 1차 방정식"은 "미지수가 둘인 1차 방정식"으로 만든 후에 다시 "미지수가 하나인 1차 방정식"으로 만드는 식이다. (또 다른 예로, "제곱근을 포함한 두 수의 대소 비교"는 "두 유리수의 대소 비교"로 만든다.)

하지만 풀 수 있는 문제로 만들 수 없을 때에는, 풀 수 있는 좀 더 간단한 문제를 생각해보는 것이 도움을 줄 수 있다. 예를 들어 $x^2 - 2x - 1$의 상수항을 제거한 $x^2 - 2x$ 또는 $x^2 - 2x - 1$의 일차항을 제거한 $x^2 - 1$를 생각해 볼 수 있다.

$x^2 - 2x$은 손쉽게 인수분해가 된다. $x^2 - 2x = x(x-2)$. 그렇다면 $x^2 - 2x - 1$도 상수항을 제거한다면, (할 수만 있다면,) 손쉽게 인수분해할 수 있다.

$x^2 - 1$은 어떨까?

인수분해와 방정식의 해

인수분해와 방정식은 밀접한 관계가 있다. 예를 들어 $x^2 - 48x + 540$를 인수분해해 보자. 정수 계수를 상정하더라도 $540 = ab$를 만족하는 정수 a, b는 상당히 많다. 하지만 $x^2 - 48x + 540 = 0$의 한 해가 $x = \mathbf{18}$이라는 것을 안다면 다음과 같이 인수분해가 가능하다.

$$x^2 - 48x + 540 = x^2 - \mathbf{18}x - 30x + 540$$
$$= x^2 - \mathbf{18}x - 30x + \mathbf{18} \times 30$$
$$= x(x - \mathbf{18}) - 30(x - \mathbf{18})$$
$$= (x - 30)(x - 18)$$

이건 마치 무수히 많은 $x^2 + \triangle x + \nabla x + 540$ 중에서 $x^2 - \mathbf{18}x + \cdots$를 시도해 보라고 알려주는 것과 같다. 인수분해 결과를 보자. $(x-30)(x-18)$에 $x = 18$를 대입하면 0이 된다.

$x^2 - 1 = 0$의 두 해는 $+1, -1$이다.

$$x^2 = (+1)^2 = (-1)^2$$

따라서 $x^2 - x + x - 1 = x(x-1) + 1(x-1) = (x+1)(x-1)$으로 인수분해된다. 일반적으로 $x^2 - a^2 = 0$의 두 해는 $x = \pm a$이고, $x^2 - a^2$은 $x^2 - a^2 = (x+a)(x-a)$로 인수분해된다.

그렇다면 $x^2 - 2x - 1$에서 1차항을 제거할 수만 있다면 $x^2 - a^2 = (x+a)(x-a)$을 활용하여 인수분해할 수 있을 것이다.

다음의 식을 인수분해해 보자.[3]

- $x^2 - 2$

- $x^2 - 4$

- $x^2 - 5$

- $x^2 + 1$

그렇다면 $x^2 - 2x - 1$의 상수항과 1차항 중에서 어느 것을 없애는 게 쉬울까? 그리고 어떻게 하면 없앨 수 있을까?

---

[3]결과는 다음과 같다.
$x^2 - 2 = x^2 - (\sqrt{2})^2 = (x + \sqrt{2})(x - \sqrt{2})$
$x^2 - 4 = (x + 2)(x - 2)$
$x^2 - 5 = (x + \sqrt{5})(x - \sqrt{5})$
$x^2 + 1 = (x + i)(x - i)$

공식의 재활용 : "변수 + 상수"

앞에서 $a+b = b+a$와 $(a+b)+c = a+(b+c)$만으로 $a+b+c+d = a+d+b+c$가 성립함을 보였다 (<자연수의 덧셈> 참조). 이때 일등공신은 $A+B = B+A$의 A, B에 $a, a+c+d$ 또는 $a+b, c+d$ 등을 대입한 것이다. A와 B에는 상수, 다른 변수, "변수 + 상수", 또는 "변수 + 변수" 등 여러 가지 다른 형태의 수와 식을 대입할 수 있다. 이렇게 여러 가지 방법으로 $a+b = b+a$와 $(a+b)+c = a+(b+c)$를 재활용하면 $a+b+c+d = a+d+b+c$, $a+b+c+d = a+b+d+c$, $a+b+c+d = d+c+b+a$ 등이 모두 성립함을 보일 수 있었다.

$$X^2 - A^2 = (X+A)(X-A)$$

앞에서 소개한 2차 다항식의 인수분해 공식이다. 여기에서도 변수 X 대신 "변수 + 상수"를 대입할 수 있다.

다음의 표는 몇몇 예를 보여준다.

X	A	$X^2 - A^2$	$(X+A)(X-A)$
$x+2$	1	$(x+2)^2 - 1^2$ $= x^2 + 4x + 3$	$(x+2+1)(x+2-1)$ $= (x+3)(x+1)$
$y - \frac{1}{2}$	3	$(y-\frac{1}{2})^2 - 3^2$ $= y^2 - y - \frac{35}{4}$	$(y-\frac{1}{2}+3)(y-\frac{1}{2}-3)$ $= (y+\frac{3}{2})(y-\frac{7}{2})$
$z - \sqrt{3}$	2	$(z-\sqrt{3})^2 - 2^2$ $= z^2 - 2\sqrt{3}z - 1$	$(z-\sqrt{3}+2)(z-\sqrt{3}-2)$

이때 결과를 주목해 보자. $x^2 + 4x + 3$, $y^2 - y - \frac{35}{4}$, $z^2 - 2\sqrt{3}z - 1$ 에는 모두 **일차항**이 있다. 하지만 $X^2 - A^2$에는 일차항이 없다. 이것은

x^2+4x+3, $y^2-y-\frac{35}{4}$, $z^2-2\sqrt{3}z-1$ 에서 $X=$ "변수+상수"로 적절히 치환하면, 주어진 2차 다항식의 1차항을 제거할 수 있음을 나타낸다. 문제는 어떤 상수를 사용하느냐이다.

X^2-A^2의 X에 $x+c$(c: 상수)를 대입해 보자. 결과는 다음과 같다.

$$X^2-A^2=(x+c)^2-A^2=x^2+2cx+c^2-A^2$$

이 결과는 $x^2+2cx+c^2-A^2$에서 일차항을 제거하려면 $X=x+c$로 치환하여 $X^2-A^2=(x+c)^2-A^2$로 나타낼 수 있음을 보여준다. 예를 들어 x^2+4x+3에서 일차항을 제거하려면, $X=x+2$로 치환하여, $X^2-A^2=(x+2)^2-1$로 나타낼 수 있다.

x^2+4x만 따로 떼어놓고 보자. 이때에도 일차항을 제거할 수 있다. 그 결과는 다음과 같이 될 것이다.

$$x^2+4x=\left(x+2\right)^2-4$$

따라서 x^2+4x+3는 다음과 같이 계산할 수 있다.

$$x^2+4x+3=\left(x+2\right)^2-4+3=(x+2)^2-1$$

이렇게 어떤 이차 다항식이든 일차항을 없애고, $X^2-A^2=(X+A)(X-A)$를 활용한다면 인수분해가 가능할 것이다. 다음의 다항식을 이 방법을 사용해서 인수분해해 보자.

- $y^2-y-\frac{35}{4}$
- $z^2-2\sqrt{3}z-1$

마지막으로 다음의 다항식을 인수분해해 보자.[4]

- $4y^2 - 4y - 35$

- $3z^2 - 6\sqrt{3}z - 3$

앞의 다항식과 무엇이 다른가? 이차항의 계수를 보자. 이제까지 다룬 모든 다항식은 이차항의 계수가 1이었다. 반면 위의 다항식은 이차항 계수가 4와 3이다. 이것을 1로 바꿀 수 있겠는가? 앞에서도 했었다. 4와 3으로 나눠주자.

- $4y^2 - 4y - 35 = 4 \times \dfrac{1}{4}\left(4y^2 - 4y - 35\right) = 4 \times \left(y^2 - y - \dfrac{35}{4}\right)$

- $3z^2 - 6\sqrt{3}z - 3 = 3 \times \dfrac{1}{3}\left(3z^2 - 6\sqrt{3}z - 3\right) = 3 \times \left(z^2 - 2\sqrt{3}z - 1\right)$

---

[4]이차항의 계수를 1로 만들기 위해서 전체를 적절히 나눠 준 다항식의 인수분해는 다음과 같다.

- $y^2 - y - \dfrac{35}{4} = \left(y - \dfrac{1}{2}\right)^2 - \dfrac{1}{4} - \dfrac{35}{4} = \left(y - \dfrac{1}{2}\right)^2 - \dfrac{36}{4} = \left(y - \dfrac{1}{2}\right)^2 - 3^2 = \left(y - \dfrac{1}{2} + 3\right)\left(y - \dfrac{1}{2} - 3\right) = \left(y + \dfrac{5}{2}\right)\left(y - \dfrac{7}{2}\right)$

- $z^2 - 2\sqrt{3}z - 1 = (z - \sqrt{3})^2 - 3 - 1 = (z - \sqrt{3}) - 4 = (z - \sqrt{3}) - 2^2 = (z - \sqrt{3} + 2)(z - \sqrt{3} - 2)$

변수가 하나인 3차 다항식의 인수분해: 복습

앞에서 다음의 3차 다항식을 인수분해하는 방법에 대해서 미리 얘기했다.

- $x^3 + 3x^2 + x + 3$
- $2x^3 + 2x^2 + 2x + 2$
- $x^3 + 3x^2 + 2x + 6$
- $x^3 + \dfrac{7}{2}x^2 + 2x + 7$
- $x^3 + 3x^2 + 3x + 1$
- $-x^3 + 3x^2 - 6x + 8$

간단하게 정리하자면 반복되는 계수로 묶거나, 반복되는 계수가 없다면 계수를 인수분해해서 반복되는 인수가 존재하는지 확인한다. 혹은 다음의 형태로 변형해 볼 수도 있다.

- $\left(\boxed{\square x^3} + \bigcirc x^2\right) + \left(\boxed{\triangledown x} + \triangle\right)$
- $\left(\boxed{\square x^3} + \boxed{\triangledown x}\right) + \left(\bigcirc x^2 + \triangle\right)$
- $\left(\boxed{\square x^3} + \triangle\right) + \left(\bigcirc x^2 + \boxed{\triangledown x}\right)$

3차 다항식의 인수분해: $x^3 - y^3$

$x^3 - 8$을 인수분해해 보자. 인수분해가 어렵다면 $x^3 - 8 = 0$을 풀어 보자.

$$x^3 = 8 = 2^3$$

확실한 해 하나는 2이다. 따라서 $x^3 - 8$은 $(x-2)$를 인수로 가질 것이다. 그리고 실제로 $x^3 - 8$를 $(x-2)$로 나눠보면 나누어 떨어진다.

$$\begin{array}{r}
x^2\ \ +2x\ \ \ \ \ \ 4 \\
\hline
x-2\ )\ \overline{x^3\ +0x^2\ +0x\ -8} \\
x^3\ -2x^2 \\
\hline
2x^2\ +0x \\
2x^2\ -4x \\
\hline
4x\ -8 \\
4x\ -8 \\
\hline
0
\end{array}$$

따라서 $x^3 - 8 = (x - 2)(x^2 + 2x + 4)$.

이 방법은 $x^3 - 1^3$, $x^3 - 3^3$ 등의 경우에도 모두 활용될 수 있다.

$$\begin{array}{r}
x^2\ +1x\ \ \ \ \ 1 \\
\hline
x-1\ )\ \overline{x^3\ +0x^2\ +0x\ -1} \\
x^3\ -1x^2 \\
\hline
1x^2\ +0x \\
1x^2\ -1x \\
\hline
1x\ -1 \\
1x\ -1 \\
\hline
0
\end{array}
\qquad
\begin{array}{r}
x^2\ +3x\ \ \ \ \ 9 \\
\hline
x-3\ )\ \overline{x^3\ +0x^2\ +0x\ -27} \\
x^3\ -3x^2 \\
\hline
3x^2\ +0x \\
3x^2\ -9x \\
\hline
9x\ -27 \\
9x\ -27 \\
\hline
0
\end{array}$$

$x^3 - \mathbf{2}^3$, $x^3 - \mathbf{1}^3$, $x^3 - \mathbf{3}^3$ 의 **2, 1, 3** 대신 변수를 사용해보자. $x^3 - \boldsymbol{y}^3 = 0$ 은 $x = \boldsymbol{y}$ 를 해로 갖는다.

$$
\begin{array}{r|llll}
 & \color{orange}{x^2} & \color{orange}{+yx} & \color{orange}{y^2} & \\
\hline
\boldsymbol{x-y}\,) & x^3 & +0x^2 & +0x & -y^3 \\
 & x^3 & -yx^2 & & \\
\hline
 & & yx^2 & +0x & \\
 & & yx^2 & -y^2x & \\
\hline
 & & & y^2x & -y^3 \\
 & & & y^2x & -y^3 \\
\hline
 & & & & 0
\end{array}
$$

따라서 $x^3 - y^3$ 은 $(\boldsymbol{x-y})\color{orange}{(x^2 + xy + y^2)}$ 로 인수분해된다.

변수가 둘인 3차식의 인수분해 공식 유도 1

2차식의 인수분해 공식은 쉽게 유도할 수 있다. 반면 3차식의 인수분해 공식은 복잡해 보일 수 있다. 하지만 그 시작은 $(x+y)^3$을 전개하는 것이다.

$$(x+y)^3 = x^3 + 3x^2y + 3xy^2 + y^3$$

여기에서 공통 계수 3을 확인하고 합친다. $3x^2y + 3xy^2 = 3(x^2y + xy^2)$. 그리고 괄호 안을 인수분해하면 $3xy(x+y)$가 되고, 전체 식은 다음과 같다.

$$(x+y)^3 = x^3 + y^3 + 3xy(x+y)$$

무엇이 반복되는가? 좌변과 우변에 공통적으로 $(x+y)$가 있다는 것을 인식하고 $(x+y)$를 포함한 항을 모두 좌변으로 옮기면 3차식의 인수분해 첫 번째 공식을 얻는다.

$$(\boldsymbol{x+y})^3 - 3xy(\boldsymbol{x+y}) = x^3 + y^3$$

$$\Downarrow$$

$$(\boldsymbol{x+y})\{(x+y)^2 - 3xy\} = x^3 + y^3$$

$$\Downarrow$$

$$(x+y)(x^2 - xy + y^2) = x^3 + y^3$$

$$\Downarrow$$

$$x^3 + y^3 = (x+y)(x^2 - xy + y^2)$$

수학에서는 반복되는 요소를 빨리 찾을수록 좋다.

$$\mathbf{3}x^2y + \mathbf{3}xy^2 = \mathbf{3}(x^2y + xy^2) = \mathbf{3}xy(x+y)$$

변수가 둘인 3차식의 인수분해 공식 유도 2

변수가 하나인 2차식 $Ax^2 + Bx + C$ (A, B, C : 상수)는 $X = ax + b$ (a, b : 상수) 치환과 인수분해 공식 $x^2 - y^2 = (x + y)(x - y)$을 사용하여 인수분해할 수 있다.

3차식의 인수분해에도 비슷한 공식이 있다.

- $x^3 + y^3 = (x + y)(x^2 - xy + y^2)$

- $x^3 - y^3 = (x - y)(x^2 + xy + y^2)$

이 공식을 어떻게 유도했을까?

1. "우연히" $(x+y)(x^2-xy+y^2)$을 전개해봤다면, $(x+y)(x^2-xy+y^2)=x^3+y^3$ 가 됨을 알 수 있다. 혹은 앞에서 살펴본 바와 같이 $(x+y)^3$를 전개한 후에 $x^3+3x^2y+3xy^2+y^3$ 에서 $3x^2y+3xy^2 = 3xy(x+y)$을 인지했을 수도 있다.

2. $x^3 + y^3$을 살펴보자. 어떤 특별함이 이 식에 존재하는가?

   $x^3 + y^3$는 x, y의 값이 서로 바뀌어도 $x^3 + y^3$의 값은 변하지 않는다. $x = 1, y = 2$일 때 $x^3 + y^3 = 9$이고, $x = 2, y = 1$일 때에도 $x^3+y^3 = 9$이다. 이런 경우에는 x와 y의 값을 결정하지 않고, $x + y$와 xy의 값을 결정하는 방식으로 다항식 $x^3 + y^3$의 값을 결정할 수 있다.

다시 설명하면 x, y가 정확히 어떤 값인지 상관없이 $x+y=3, xy=2$ 이면 $x^3+y^3=9$이다. 그걸 어떻게 확신하느냐고? $x+y=3, xy=2$ 가 되기 위해서 x,y는 $x=1, y=2$ 또는 $x=2, y=1$이어야 한다(이차 방정식을 풀 줄 안다면 수긍할 것이다). 그리고 두 경우 모두에 $x^3+y^3=9$이다. 반면 x^3+y^2의 값은 달라진다.

	x^3+y^3	x^3+y^2
$x=1, y=2$	$1^3+2^3=9$	$1^3+2^2=5$
$x=2, y=1$	$2^3+1^3=9$	$2^3+1^2=9$

다시 말해, x^3+y^3는 x^3+y^2과 달리 $x+y, xy$ 값만 알면, 그 값이 하나로 정해진다. 그것은 다음과 같이 확인해 볼 수 있다.

$$x^3+y^3 = (x+y)^3 - 3xy(x+y)$$

$A = x+y, B = xy$로 치환해보자. 위의 식은 다음과 같이 쓸 수 있다.

$$(x+y)^3 - 3xy(x+y) = A^3 - 3AB$$

이제 $A^3 - 3AB$를 인수분해해 보자. 먼저 모든 항에 공통적으로 존재하는 공통인수를 찾는다. ($A^3 - 3AB$는 A의 1차식이다.)

$x^3 + y^3 + z^3 - 3xyz$ 의 인수분해 공식 유도

$x^3 + y^3 + z^3 - 3xyz$ 을 인수분해하기 전에 자세히 살펴보자. 이 식은 x, y, z를 서로 바꾸어도 그 값이 바뀌지 않는다.

$$x^3 + y^3 + z^3 - 3xyz = y^3 + z^3 + x^3 - 3yzx = z^3 + x^3 + y^3 - 3zxy$$

그리고 x, y를 서로 바꾸어도 그 값이 달라지지 않는다!

$$x^3 + y^3 + z^3 - 3xyz = y^3 + x^3 + z^3 - 3yxz$$

x, y를 서로 바꾸어도 그 값이 동일하다는 의미는 앞에서 봤듯이 주어진 식을 $x + y$와 xy를 써서 나타낼 수 있음을 의미한다. 그렇다면 $X = x + y, Y = xy$로 치환하여 주어진 식을 나타내 보자.

$$\begin{aligned} x^3 + y^3 + z^3 - 3xyz &= (x^3 + y^3) + z^3 - 3(xy)z \\ &= (X^3 - 3XY) + z^3 - 3Yz \end{aligned}$$

$X = x + y, Y = xy$의 치환를 통해 얻은 결과, $X^3 - 3XY + z^3 - 3Yz$를 자세히 살펴보자. 이 식은 X의 3차식, z의 3차식이지만, Y의 1차식이다! Y의 내림차순으로 정리해보자.

$$(X^3 - 3XY) + z^3 - 3Yz = (-3X - 3z)Y + X^3 + z^3$$
$$= (-3X - 3z)Y + X^3 + z^3$$

이 식이 인수분해되려면 계수 $(-3X - 3z)$와 $+X^3 + z^3$에 공통인 수가 있어야 한다. 그리고 그렇다!

$$-3X - 3z = -3(X + z)$$
$$X^3 + z^3 = (X + z)(X^2 - Xz + z^2)$$

따라서 다음과 같이 인수분해할 수 있다.

$$(-3X - 3z)Y + X^3 + z^3 = -3(X + z)Y + (X + z)(X^2 - Xz + z^2)$$
$$= (X + z)(-3Y + X^2 - Xz + z^2)$$

이제 $-3Y + X^2 - Xz + z^2$에 $X = x + y$, $Y = xy$를 다시 대입하면, 다음의 인수분해 공식을 얻는다.

$$x^3 + y^3 + z^3 - 3xyz = (x + y + z)(x^2 + y^2 + z^2 - xy - yz - xz)$$

변수가 하나인 4차 다항식의 인수분해 : 복이차식 1

다음의 다항식을 관찰해 보자.

- $x^4 + 4x^2 + 3$

- $x^4 - 6x^2 + 5$

- $-2y^4 - y^2 + 1$

- $3y^4 + 10y^2 + 3$

변수가 하나인 4차 다항식이다. **무엇이 특별한가?** 일반적인 4차 다항식은 다음과 같다.

$$Ax^4 + Bx^3 + Cx^2 + Dx + E$$

일반적인 4차 다항식과 첫 번째 다항식 $x^4 + 4x^2 + 3$을 비교해보자. 가장 큰 차이는 x^3, x 항의 존재유무이다. $x^4 + 3x^2 + 4$에서 항 사이의 관계도 생각해보자. x^4는 x^2의 제곱이다. 따라서 $X = x^2$으로 표시한다면, $x^4 + 4x^2 + 3 = X^2 + 4X + 3$, 즉 X의 2차 다항식으로 표시할 수 있다.

만약 x^3, x 항이 존재하는 경우에 $X = x^2$로 놓는다면 어떨지 생각해 보자.

$$x^4 + x^3 + 4x^2 + 3 = X^2 + X^{\frac{3}{2}} + 4X + 3$$

$$x^4 + 4x^2 + x + 3 = X^2 + 4X + X^{\frac{1}{2}} + 3$$

$X = x^2$ 으로 치환하면 X 의 다항식이 되지 않는다.

다시 원래의 4차 다항식을 보자. 이제 $X = x^2$ 또는 $Y = y^2$ 으로 치환하면, X 또는 Y 의 2차 다항식이 됨을 알았다. 우리는 2차 다항식을 인수분해할 줄 안다. 그리고 만약 복소수 계수를 허용한다면 모든 2차 다항식을 인수분해할 수 있다. 위의 다항식의 경우 쉽게 인수분해된다.

- $x^4 + 4x^2 + 3 = \boldsymbol{X^2 + 4X + 3 = (X+1)(X+3)}$
  $= (x^2 + 1)(x^2 + 3)$

- $x^4 - 6x^2 + 5 = \boldsymbol{X^2 - 6X + 5 = (X-5)(X-1)}$
  $= (x^2 - 5)(x^2 - 1)$
  $= (x + \sqrt{5})(x - \sqrt{5})(x+1)(x-1)$

- $-2y^4 - y^2 + 1 = \boldsymbol{-2Y^2 - Y + 1 = (-2Y+1)(Y+1)}$
  $= (-2y^2+1)(y^2+1) = (-\sqrt{2}y+1)(\sqrt{2}y+1)(y^2+1)$

- $3y^4 + 10y^2 + 3 = \boldsymbol{3Y^2 + 10Y + 3 = (3Y+1)(Y+3)}$
  $= (3y^2 + 1)(y^2 + 3)$

위의 결과는 실수 범위의 계수로 인수분해를 한 것이다. 모든 식을 성공적으로 인수분해할 수 있었다.

하지만 다음의 식들은 $X = x^2$ 또는 $Y = y^2$ 으로 치환했을 때, 실수 계수로 인수분해할 수가 없다.

- $4x^4 + 3x^2 + 1$

- $x^4 + 3x^2 + 4$

- $-4y^4 - 3y^2 - 1$

- $9y^4 + 8y^2 + 4$

변수가 하나인 4차 다항식의 인수분해 : 복이차식 2

그렇다면 $4x^4 + 3x^2 + 1$은 어떻게 인수분해할 수 있을까?

앞에서도 설명했듯이, 일변수 다항식이 항상 이변수 다항식보다 쉽게 인수분해되는 것은 아니다. 다음의 식을 인수분해해보자.

- $x^4 - y^2$

- $(x^2 + y)^2 - z^2$

- $x^2 - y^4$

- $(x^2 + 2x)^2 - (y^2 + 1)^2$

여기서 눈여겨 봐야할 점은 변수의 갯수, 변수의 차수도 아니고, ( )^2 − ( )^2 의 꼴이다. $A^2 - B^2 = (A+B)(A-B)$를 적용하자.

다음 식을 보자.

- $(x^2 + 2)^2 - y^2$

- $x^4 + 4x^2 + 4 - y^2$

- $x^4 - 9y^2 + 6x^2 + 9$

- $4x^4 + 4x^2 - y^2 + 1$

첫 번째 식은 자명하지만, 그다음 식은 다소 복잡해 보일 수 있다.

하지만 첫 번째 식과 두 번째 식을 보자. 두 식은 동일한 식이다!

그렇다면 위의 식을 인수분해할 때 도움이 될만한 구호가 있을까?

서로 다른 변수를 분리하자.

$x^4 - 9y^2 + 6x^2 + 9$에서 변수 x와 y를 분리하자.

$$x^4 - 9y^2 + 6x^2 + 9 = x^4 - 9y^2 + 6x^2 + 9$$
$$= (x^4 + 6x^2) + (-9y^2) + 9$$

이때 상수는 어느 쪽에 놓아야 할까?

왜 서로 다른 변수를 분리하는가? 1차 방정식에서 왜 미지수는 좌변, 상수는 우변으로 옮기는가? 그것은 문자는 문자끼리 합쳐지고, 상수는 상수끼리 합쳐지기 때문이다.

$$3x - 2 = x + 5$$
$$3x - 1x = 2 + 5$$
$$2x = 7$$

마찬가지로 변수 x와 변수 y를 분리한다면, 이유는 x는 x끼리 합치기 쉽고, y는 y끼리 합치기 쉽기 때문이다. 상수는 목적에 맞게 알맞게 배분할 수 있다.

$$(x^4 + 6x^2) + (-9y^2) + 9 = (x^4 + 6x^2 + 9) + (-9y^2)$$
$$= (x^2 + 3)^2 + (-9y^2)$$
$$= (x^2 + 3)^2 + (-3y)^2$$

그렇다면 다음의 식은 손쉽게 인수분해할 수 있을 것이다. (변수를 분리하자!)

$$x^2 - 4y + 2x - y^2 - 3$$

변수를 분리해서 x는 x끼리, y는 y끼리 합쳐 보자.

$$x^2 - 4y + 2x - y^2 - 3 = x^2 - 4y + 2x - y^2 - 3$$
$$= (x^2 + 2x) + (-y^2 - 4y) - 3$$
$$= (x^2 + 2x + 1)^2 - (y^2 + 4y + 4)^2$$
$$= (x+1)^2 - (y+2)^2$$
$$= (x+1 + y+2)(x+1 - y+2)$$

다음 식을 보자.

- $4x^4 + 4x^2 - y^2 + 1$

변수가 하나인 4차 다항식의 인수분해 : 복이차식 2   195

- $4x^4 + 4x^2 - x^2 + 1$

- $4x^4 + 3x^2 + 1$

여기서 보이고자 하는 것은 마지막 식의 인수분해이다. $4x^4 + 3x^2 + 1$ 은 $4x^4 + 4x^2 - y^2 + 1$에서 y 대신 x를 대입한 식으로 생각할 수 있다.

따라서 $4x^4 + 4x^2 - y^2 + 1$을 인수분해하는 방법으로 인수분해할 수 있다. 문제는 역시 $4x^4 + 3x^2 + 1$을 보고 어떻게 $4x^4 + 4x^2 - y^2 + 1$ 또는 $4x^4 + 4x^2 + 1 - x^2$를 생각해 낼 수 있느냐일 것이다.

이렇게 생각해보자. $4x^4 + 3x^2 + 1$과 비슷하고, 쉽게 인수분해 가능한 식을 생각해 본다.[5] $4x^4+3x^2+1$ 에 $+1x$를 해 준 $4x^4+4x^2+1$는 $(2x^2+1)^2$ 로 인수분해가 된다. 따라서,

$$4x^4 + 3x^2 + 1 = 4x^4 + 4x^2 + 1 - x^2$$
$$= (2x^2 + 1)^2 \quad - x^2.$$

다른 방법으로 생각해보자. 실수 계수의 이차 다항식을 인수분해한 경험을 상기해 보자. 주어진 다항식의 1차항을 없애서 $X^2 - A^2 = (X+A)(X-A)$를 적용했다. 이번에는 상수항을 없애보자.

---

[5] 앞에서 $x^2 + 2x - 1$을 인수분해하기 전에 $x^2 + 2x$와 $x^2 - 1$의 인수분해를 생각해보았다.

$4x^4 + 3x^2 + 1$에서 상수항 $+1$을 없애자. 두 가지 방법이 존재한다. $X = 2x^2 + 1$로 치환하거나, $Y = 2x^2 - 1$로 치환한다.

$$4x^4 + 4x^2 + 1 = (2x^2 + 1)^2 = X^2$$
$$4x^4 - 4x^2 + 1 = (2x^2 - 1)^2 = Y^2$$

이를 적용하면 $4x^4 + 3x^2 + 1$은 다음과 같이 나타낼 수 있다.

$$4x^4 + 3x^2 + 1 \quad = \mathbf{4x^4 + 4x^2 + 1} - x^2 \quad = (\mathbf{2x^2 + 1})^2 - x^2$$
$$4x^4 + 3x^2 + 1 \quad = \mathbf{4x^4 - 4x^2 + 1} + 7x^2 \quad = (\mathbf{2x^2 - 1})^2 + 7x^2$$

둘 중에서 $x^2 - A^2 = (x + A)(x - A)$를 적용하기 쉬운 것을 선택한다.

변수가 하나인 4차 다항식의 인수분해 : 반복적인 계수

다음의 변수가 하나인 4차 다항식을 인수분해하고 싶다. 우선 자세히 관찰해보자.

- $x^4 - 3x^3 - 2x^2 - 3x + 1$

- $x^4 + 4x^3 + 5x^2 + 4x + 1$

- $-x^4 - 2x^3 + x^2 - 2x - 1$

- $x^4 + x^3 - 10x^2 + x + 1$

동일한 계수가 반복되는 경우가 있다. 그것을 기준으로 항들을 나눠보자. 첫 번째 다항식의 경우이다.

$$x^4 - 3x^3 - 2x^2 - 3x + 1 = 1(\boldsymbol{x^4 + 1}) - 3(\boldsymbol{x^3 + x}) - 2\boldsymbol{x^2}$$

이때 $x^4 + 1, x^3 + x, x^2$ 은 어떤 관계인가? 수학에서 관계는 더하고, 빼고, 곱하고(혹은 제곱하고), 나눠봄으로써 알 수 있다. $x^4 + 1$과 $x^3 + x$

를 x^2으로 나눠 보면 다음의 관계를 확인할 수 있다.[6]

$$x^3 + x = x^2\left(x + \frac{1}{x}\right)$$

$$x^4 + 1 = x^2\left(x^2 + \frac{1}{x^2}\right)$$

그리고 다시 $x + \frac{1}{x}$과 $x^2 + \frac{1}{x^2}$의 관계를 생각해보자. $x^2 + \frac{1}{x^2} = \left(x + \frac{1}{x}\right)^2 - 2$를 찾아낼 수 있겠는가?

따라서,

$$(x^4 + 1) - 3(x^3 + x) - 2x^2 = x^2\left(x^2 + \frac{1}{x^2}\right) - 3x^2\left(x + \frac{1}{x}\right) - 2x^2$$

$$= x^2\left\{\left(\boldsymbol{x + \frac{1}{x}}\right)^2 - 2\right\} - 3x^2\left(\boldsymbol{x + \frac{1}{x}}\right) - 2x^2$$

공통인수 x^2의 존재를 확인하자. 그리고 식을 좀 더 보기 쉽게 만들기 위해 $X = x + \frac{1}{x}$로 놓으면, 식은 다음과 같아진다.

$$x^2\left\{\left(x + \frac{1}{x}\right)^2 - 2 - 3\left(x + \frac{1}{x}\right) - 2\right\} = x^2\left(X^2 - 2 - 3X - 2\right)$$

$$= x^2\left(X^2 - 3X - 4\right)$$

---

[6]사실 $x^3 + x$를 x^2으로 나눠보라고 한다면, $x^3 + x = x^2 \cdot x + x$ (몫 x, 나머지 x)로 나타내기 싶다. 정답은 없다. 문제를 푸는 데 도움이 된다면, 또는 공통적인 부분을 많이 찾아낼 수 있도록 만드는 게 좋지 않겠는가?

이렇게 하여 주어진 식을 x^2과 X의 2차식의 곱으로 나타내었다. 그리고 실수 계수의 2차식은 인수분해할 수 있다.

$$X^2 - 3X - 4 = (X+1)(X-4)$$

결국,

$$x^2(X^2 - 3X - 4) = x^2(X+1)(X-4)$$
$$= x^2\left(x + \frac{1}{x} + 1\right)\left(x + \frac{1}{x} - 4\right).$$

인수분해는 다항식의 곱으로 표현하는 것이다. x^2를 적절히 배분해서 정리해보자.

$$x^2\left(x + \frac{1}{x} + 1\right)\left(x + \frac{1}{x} - 4\right) = x\left(x + \frac{1}{x} + 1\right)x\left(x + \frac{1}{x} - 4\right)$$
$$= (x^2 + x + 1)(x^2 - 4x + 1)$$

$(x^2+x+1)(x^2-4x+1)$를 전개하여 정리해 보면, $x^4-3x^3-2x^2-3x+1$와 같다. 따라서 $x^4 - 3x^3 - 2x^2 - 3x + 1$는 $(x^2+x+1)(x^2-4x+1)$로 인수분해된다.

$x^4 + 4x^3 + 5x^2 + 4x + 1$의 인수분해 역시 마찬 가지 방법으로 할 수 있다. 동일한 계수끼리 묶고, x^2, x^3+x, x^4+1의 관계를 활용한다.

$$x^3 + x = x^2\left(x + \frac{1}{x}\right), x^4 + 1 = x^2\left(x^2 + \frac{1}{x^2}\right).$$

다음 식을 보자.

$$x^4 + x^3 - 10x^2 + x + 1$$

동일한 계수를 기준으로 항을 나눈다면, 다음과 같아질 것이다.

$$x^4 + x^3 - 10x^2 + x + 1 = 1(x^4 + x^3 + x + 1) - 10x^2$$

하지만 이렇게 나누어진 각 항을 따로 인수분해해도 공통인수를 찾을 수 없다.

$$x^4 + x^3 + x + 1 = (x+1)(x^2+1)$$
$$-10x^2 = -10x^2$$

하지만 $x^4 + x^3 - 10x^2 + x + 1$ 는 앞에서 다루었던 다항식 $x^4 + 4x^3 + 5x^2 + 4x + 1$와 동일한 구조이다. 즉 x^4 항의 계수와 상수가 같고, x^3 항과 x 항의 계수가 같다. 단지 좀 더 특별한 경우라고 할 수 있다.(x^4 항과 x^3 항의 계수도 같다.)

따라서 $x^4 + 4x^3 + 5x^2 + 4x + 1$를 인수분해하는 방법과 동일한 방법을 사용하여 인수분해할 수 있다.

$$x^4 + x^3 - 10x^2 + x + 1 = 1(x^4 + 1) + 1(x^3 + x) - 10x^2$$
$$= 1x^2(x^2 + 1) + 1x^2(x + 1) - 10x^2$$

같은 것도 다르게 볼 줄 알아야 한다!

변수의 개수를 줄이자 1

변수가 하나인 다항식의 인수분해에서 가장 중요한 것은 **최고차항**이다. 최고차수가 1인 경우가 가장 쉽고, 2인 경우도 그리 어렵지 않다. 하지만 3차 이상의 경우 우리가 할 수 있는 것이 다소 제한적이다. 따라서 우리는 최고차수를 줄일수록 좋다. 그리고 인수분해를 통해 인수를 하나 뽑아낼 때마다 인수분해해야 하는 다항식의 최고차수는 낮아진다. 그러므로 변수가 하나인 3차 다항식의 경우, 공식을 적용하기 힘들 때에는 가능할 법한 인수를 시도해본다. [3차 다항식 $f(x)$에 대해 $f(x) = 0$을 만족하는 해를 추측해본다.] 어쨌든 하나의 인수만 찾아내면 2차 다항식이 되고, 2차 다항식의 인수분해는 3차 다항식의 인수분해보다 쉽기 마련이다. 그리고 계수가 실수인 일변수 3차 다항식은 변수가 x일 때 $(x - \alpha)$ 꼴의 인수(α : 실수)를 항상 가지고 있다.[7]

문제는 변수의 개수가 늘어날 때이다. "변수가 둘인 3차 다항식", "변수가 셋인 3차 다항식"의 경우, "변수가 하나인 3차 다항식"과 달리 주어진 변수에 몇 가지 상수를 대입하여 방정식의 해를 구하는 방법을 사용하기 어렵다.

"변수가 둘인 3차 다항식"을 어떻게 "변수가 하나인 3차 다항식"으로

---

[7]왜냐하면 음의 무한대에서 양의 무한대로 그래프를 그려보면 항상 x-축을 지나가기 때문이다. <갤러리:다항식의 그래프>를 참조하라.

변형시킬 수 있을까? 한 가지 방법은 특정한 상수를 대입하는 것이다.

다음의 3차 다항식을 보자.

$$x^3 - 6x^2y + 3xy^2 + 10y^3$$

만약 $y = 0$ 또는 $y = 1$을 대입하면 주어진 3차 다항식은 "변수가 하나인 3차 다항식"이 된다.

$$x^3 - 6x^2y + 3xy^2 + 10y^3, \ \boldsymbol{y=0} \ \Rightarrow \ x^3$$
$$x^3 - 6x^2y + 3xy^2 + 10y^3, \ \boldsymbol{y=1} \ \Rightarrow \ x^3 - 6x^2 + 3x + 10$$

어쩌면 당연하다. 하지만 이게 도움이 될까? 인수분해를 할 때?

우리는 $x^3 - 6x^2y + 3xy^2 + 10y^3$를 인수분해할 수 없지만, $x^3 - 6x^2 + 3x + 10$는 인수분해할 수 있다. 인수분해 결과가 정수계수라고 가정하고, x에 10의 인수들을 대입해 본다.

$$x^3 - 6x^2 + 3x + 10 = (x-1)(x+1)(x-5).$$

그렇다면 $x^3 - 6x^2 + 3x + 10$을 인수분해한 결과는 $x^3 - 6x^2y + 3xy^2 + 10y^3$의 인수분해 결과와 어떤 관계가 있을까?

우선 다시 한번 $x^3 - 6x^2y + 3xy^2 + 10y^3$를 자세히 관찰하자. 이번에는 지수를 좀 더 유심히 관찰하자. 모든 항이 x, y의 3차항이다. (모든 항에서 x, y의 지수를 합치면 3이 된다.)

따라서 $x^3 - 6x^2y + 3xy^2 + 10y^3$ 를 인수분해한 결과는 $(Ax+By)(Cx+Dy)(Ex+Fy)$ 또는 $(Ax+By)(Cx^2+Dxy+Ey^2)$ 꼴이 될 것이다. (만약 1차 인수의 꼴이 $Ax+By$ 가 아니라, $Ax+By+C(C \neq 0)$ 꼴이라면, x^2, xy, y^2, x, y 항 또는 상수항이 나타날 가능성이 높다!)

따라서 $x^3 - 6x^2 + 3x + 10$을 인수분해한 결과인 $(x-1)(x+1)(x-5)$를 $(Ax+By)(Cx+Dy)(Ex+Fy)$와 비교해 볼 때, $x^3 - 6x^2y + 3xy^2 + 10y^3$의 인수분해 결과는 $(x-y)(x+y)(x-5y)$이 될 것임을 예상해 볼 수 있다. 실제로 전개를 해보면 예상이 맞다.

앞에서는 모든 항의 차수가 x, y의 3차인 경우였다. 그렇지 않은 경우에도 특정한 상수를 대입하는 방법을 사용할 수 있을까? 그렇다. 그리고 이때에는 0을 대입하는 것이 중요한 의미를 가진다.

예를 들어, 다음의 복잡한 다항식을 보자.

$$x^3 - 8x^2y + 17xy^2 - 10y^3 + 4xy - 8y^2 - x + 2y$$

y에 0과 1을 대입한 결과는 다음과 같다.

$$y = 0 \Rightarrow \quad x^3 - x$$
$$y = 1 \Rightarrow \quad x^3 - 8x^2 + 20x - 16$$

각각을 인수분해하면, 다음과 같다.

$$y = 0 \Rightarrow \quad x^3 - x = x(x^2 - 1)$$

$$y = 1 \Rightarrow \quad x^3 - 8x^2 + 20x - 16 = (x-4)(x-2)^2$$

$x^3 - 8x^2y + 17xy^2 - 10y^3 + 4xy - 8y^2 - x + 2y$을 인수분해한 결과는 $(Ax + By + C)(Dx + Ey + F)(Gx + Hy + I)$꼴이 될 것이고, 여기에 $y=0, y=1$을 대입하면, $(Ax+C)(Dx+F)(Gx+I)$, $(Ax+B+C)(Dx+E+F)(Gx+H+I)$가 된다. 이것을 위에서 인수분해한 결과와 비교해 보자.

$$(Ax + C)(Dx + F)(Gx + I) = x(x^2 - 1)$$

$$(Ax + B + C)(Dx + E + F)(Gx + H + I) = (x-4)(x-2)^2$$

첫 번째 등식의 좌우 계수를 비교해 보면, C, F, I중 하나는 0이어야 한다. $C = 0$이라 놓으면, $B+C = B$는 -4 또는 -2가 될 것이다($Ax+B+C$는 $x-4$ 혹은 $x-2$이다). 가능한 인수의 범위를 굉장히 좁혔다. 원래의 3차 다항식에서는 $(x-4y)$ 또는 $(x-2y)$가 인수로 존재한다. 그 인수를 제외하면 2차 다항식이 될 것이다.

변수의 개수를 줄이자 2

두 개의 변수가 있는 다항식의 인수분해보다 하나의 변수를 가진 다항식의 인수분해가 대체로 더 쉽다. 따라서 "변수가 둘 이상인 다항식"을 만났을 때, 그것을 하나의 변수로 나타낼 수 있다면, 인수분해가 더 쉬울 수 있다. 앞에서 그런 방법의 하나를 배웠다.

다음의 다항식을 자세히 살펴보자.

- $x^2 + 5xy + 4y^2$

- $x^3 - 6x^2y - 9xy^2 + 14y^3$

이때 각 항에서 변수 x의 지수, 변수 y의 지수를 보자.

- $x^2 + 5xy + 4y^2 = x^2y^0 + 5x^1y^1 + 4x^0y^2$

- $x^3 - 6x^2y - 9xy^2 + 14y^3 = x^3y^0 - 6x^2y^1 - 9x^1y^2 + 14x^0y^3$

모든 항을 $cx^\alpha y^\beta$ 꼴로 나타냈을 때, $\alpha + \beta$가 첫 번째 식은 2, 두 번째 식은 3으로 일정함을 알 수 있다. 이때 첫 번째 다항식은 y^2으로, 두 번째 다항식은 y^3으로 나눠보자.

$$(x^2 + 5xy + 4y^2) \div y^2 = \left(\frac{x}{y}\right)^2 + 5\left(\frac{x}{y}\right) + 4$$

$$(x^3 - 6x^2y - 9xy^2 + 14y^3) \div y^3 = \left(\frac{x}{y}\right)^3 - 6\left(\frac{x}{y}\right)^2 - 9\left(\frac{x}{y}\right) + 14$$

만약 $X = \left(\dfrac{x}{y}\right)$로 치환한다면, 두 식은 $X^2 + 5X + 4$과 $X^3 - 6X^2 - 9X + 14$이 된다. $X^2 + 5X + 4$과 $X^3 - 6X^2 - 9X + 14$은 모두 "변수가 하나인 다항식"이다. 따라서 우리가 "변수가 하나인 다항식"을 풀 때 사용했던 모든 방법을 활용할 수 있다.

최고차수를 줄이자

변수의 개수를 줄이면 인수분해가 쉬워지는 것처럼, 최고차수가 낮아져도 인수분해가 쉬워지는 경향이 있다. 대표적인 방법은 다음과 같다.

1. 주어진 식을 최고차수가 작은 변수의 내림차순으로 정리한다.

2. 주어진 식에서 변수 x의 지수가 모두 짝수일 경우, $X = x^2$ 치환을 통해 x의 최고차수를 낮출 수 있다.

3. 주어진 식을 $X = x + y$, $Y = xy$ 으로 치환하여 다항식으로 표현할 수 있다면, 치환된 식은 최고차항의 차수가 낮아진다 (<$x^3 + y^3 + z^3 - 3xyz$ 의 인수분해 공식 유도> 참조).

4. 그 밖의 치환 방법을 활용한다.

다음의 식들은 치환을 통해 차수를 낮추거나 변수의 개수를 줄일 수 있는 경우이다. 다음을 인수분해해 보자.

- $(x^2 + x + 1)^2 + 3(x^2 + x) + 5$
- $(a + b + 3)^2 + 2a + 2b + 6$
- $(x + 1)(x + 2)(x + 3)(x + 4) - 11$
- $(x + 1)(x + 2)(x + 3)(x + 4) - 4x^2 - 20x - 18$
- $(x^2 + y)^2 + 2(x^2 + y)(y^2 + x) + (y^2 + x)^2$

- $(a+b)^3 + (b+c)^3 + (c+a)^3 - 3(a+b)(b+c)(c+a)$
- $(a-b)^3(a+b)^3 + (b-c)^3(b+c)^3 + (c-a)^3(c+a)^3$

중요한 것은 역시 반복되는 요소를 찾는 것이다.

- $(\boldsymbol{x^2 + x} + 1)^2 + 3(\boldsymbol{x^2 + x}) + 5$

- $(a+b+3)^2 + 2a + 2b + 6 = (\boldsymbol{a+b+3})^2 + 2(\boldsymbol{a+b+3})$

- $(x+1)(x+2)(x+3)(\boldsymbol{x+4}) - 11$
  $= (x+1)(\boldsymbol{x+4})(x+2)(x+3) - 11$
  $= (\boldsymbol{x^2 + 5x} + 4)(\boldsymbol{x^2 + 5x} + 6) - 11$

- $(x+1)(x+2)(x+3)(x+4) - 4x^2 - 20x - 18$
  $= (\boldsymbol{x^2 + 5x} + 4)(\boldsymbol{x^2 + 5x} + 6) - 4(\boldsymbol{x^2 + 5x}) - 18$

- $(x^2+y)^2 + 2(x^2+y)(y^2+x) + (y^2+x)^2$
  $= (\boldsymbol{x^2+y})^2 + 2(\boldsymbol{x^2+y})(y^2+x) + (y^2+x)^2$

- $(a+b)^3 + (b+c)^3 + (c+a)^3 - 3(a+b)(b+c)(c+a)$
  $= (\boldsymbol{a+b})^3 + (b+c)^3 + (c+a)^3 - 3(\boldsymbol{a+b})(b+c)(c+a)$

특히 좀 더 큰 범위의 반복 요소와 숨겨진 반복 요소를 찾는 능력이 중요하다.

대수 : 부등식

대수: 부등식

미지수가 하나인 1차 부등식

부등식의 풀이도 방정식과 크게 다르지 않다. 다음의 부등식을 보자.

$$x+3 > 2+3$$

반복되고 있는 부분 $(+3)$을 확인했다면 어렵지 않게 $x > 2$을 알 수 있다. 다음의 부등식을 보자.

$$x+3 > 7$$

반복되는 요소를 찾아라. 없으면 만들어라!

$$x+3 > 4+3$$

복잡한 식은 하나씩 반복되는 요소를 만들어준다.

$$2x + 3 > 13$$

$$\Downarrow$$

$$\mathbf{2x + 3 > 2} \times 5 + \mathbf{3}$$

부등식에서 가장 주의할 부분은 다음의 문제를 풀 때 나타난다.

$$(-2)x + 3 > 13$$

$$\Downarrow$$

$$\mathbf{(-2)}x + \mathbf{3} > \mathbf{(-2)} \times (-5) + \mathbf{3}$$

반복되는 $+3$을 없애면 $(-2)x > (-2) \times (-5)$. 다시 (-2)를 없애면 $x > -5$가 될까?

부등식과 음수

다음의 부등식은 자명하다.

$$-2 < 4$$

반복되는 2를 찾아보자.

$$2 \times (-1) < 2 \times 2 \quad \Rightarrow \quad -1 < 2$$

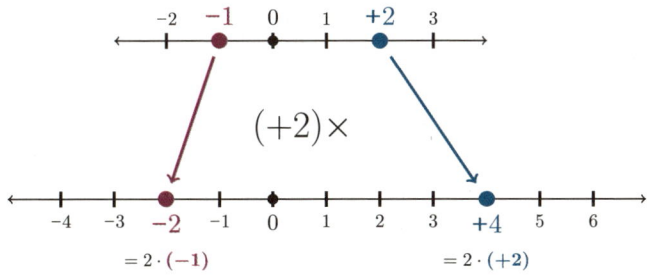

뭐, 역시 자명하다. 하지만 반복되는 (-2)를 찾을 수도 있다.

$$(-2) \times 1 < (-2) \times (-2)$$

그리고 반복되는 (-2)를 없애보자. $1 < -2$?

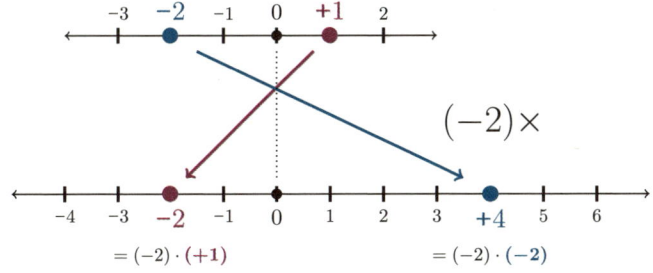

$-3, -2, -1, 0, 1, 2, 3$에 양수를 곱해보자. 대소가 바뀌지 않는다. 예를 들어 2를 곱하면 $-6, -4, -2, 0, 2, 4, 6$이 된다.

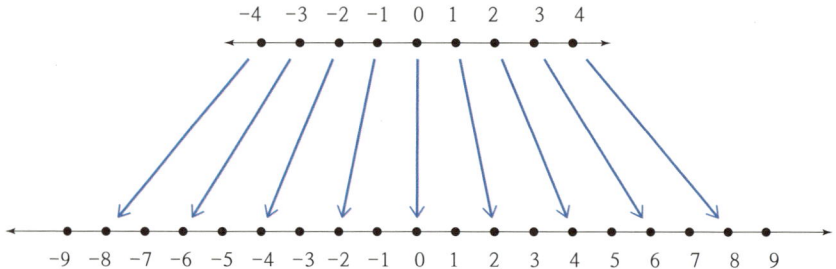

하지만 음수를 곱하면 대소가 바뀐다. 예를 들어, $-3, -2, -1, 0, 1, 2, 3$에 -2를 곱해보자. 결과는 $6, 4, 2, 0, -2, -4, -6$이 된다.

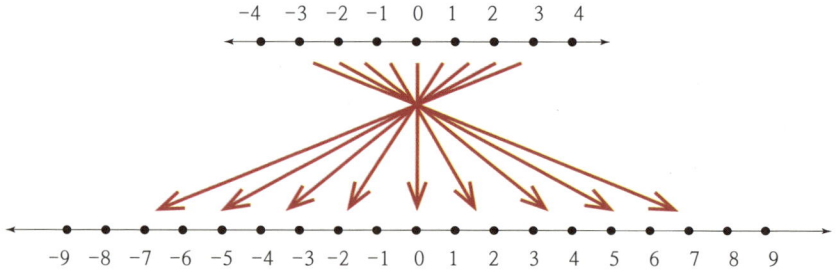

그리고 0을 곱하면 모두 0이 된다.

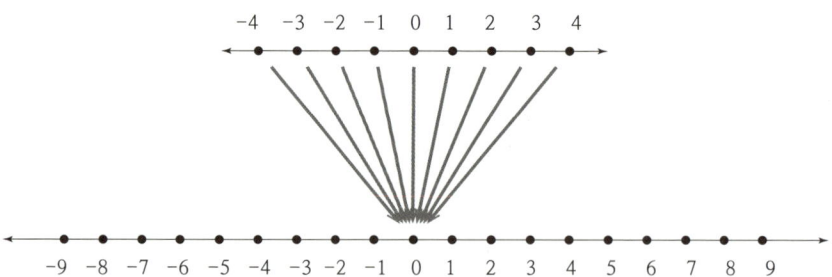

(1 < 2을 만족하는) 1, 2에 (−1)을 곱해보자. 그 결과는 −1, −2이고 대소는 −1 > −2이다. 부등식의 방향이 바뀌었다! 그리고 이렇게 부등식의 양변에 음수를 곱하면 부등식의 방향이 바뀐다. 이를 변수를 활용하여 표기한다면 다음과 같다.

$$a < b \Rightarrow \begin{cases} ma < mb & (m > 0) \\ ma = mb & (m = 0) \\ ma > mb & (m < 0) \end{cases}$$

$a < b$의 양변에 어떤 실수 m을 곱했을 때 부등식의 방향은 m의 부호(양수, 음수, 0)에 따라 달라진다. a, b, m에 여러 가지 수(양수, 음수, 0)을 대입해보자.

$$2 < 3 \Rightarrow 2 \times 2 < 2 \times 3$$
$$2 < 3 \Rightarrow 0 \times 2 = 0 \times 3$$
$$2 < 3 \Rightarrow (-2) \times 2 > (-2) \times 3$$

$$-2 < 3 \Rightarrow 2 \times (-2) < 2 \times 3$$
$$-2 < 3 \Rightarrow 0 \times (-2) = 0 \times 3$$
$$-2 < 3 \Rightarrow (-2) \times (-2) > (-2) \times 3$$

따라서 부등식의 양변에 반복되는 음수를 제거할 때에는 부등식의 방향을 바꿔 줘야 하고, 0은 제거할 수 없다.

$$\boldsymbol{ma < mb\,(m < 0)} \Rightarrow a > b$$

또는 이렇게 말할 수 있다.

"부등식의 양변에 음수를 곱할 때에는 부등식의 방향을 바꿔야 한다."

위의 식 $ma < mb$의 양변에 $\dfrac{1}{m}(m < 0)$을 곱하면 $a > b$가 된다.

미지수가 하나인 1차 부등식의 해법

미지수가 하나인 1차 부등식의 해법은 미지수가 하나인 1차 방정식의 해법과 다르지 않다.

$$2x + 3 > x - 2$$

양변에 같은 연산을 해서 "$x >$ 상수" 또는 "$x <$ 상수"의 꼴로 만들어 주면 된다.

"$x >$ 상수"는 "$\mathbf{1x}+0 > 0x + \mathbf{상수}$"로 나타낼 수 있다.

"$3x + 3 > x - 2$"과 "$x >$ 상수"는 "$\mathbf{1x}+0 > 0x + \mathbf{상수}$"를 비교해보자. 무엇이 같고, 무엇이 다른가? 좌변의 3은 양변에서 -3을 하고, 우변의 x는 양변에서 $-x$를 하면 없어진다.

$$3x + 3 - \mathbf{3} > x - 2 - \mathbf{3}$$
$$\Downarrow$$
$$3x \quad\quad > x - 5$$
$$\Downarrow$$
$$3x - \boldsymbol{x} > x - \boldsymbol{x} - 5$$
$$\Downarrow$$
$$2x > \quad\quad -5$$

그 결과는 $2x > -5$. 마지막으로 양변에 $\dfrac{1}{2}$을 곱하면 $x > -\dfrac{5}{2}$.

다음의 부등식을 풀어보자.

$$-2x + 3 > x - 2$$

$2x + 3 > x - 2$를 푸는 방법과 동일하다. 부등식의 양변에 음수를 곱할 때에는 부등식의 방향이 바뀐다는 것만 주의하자.

$$-2x + 3 > x - 2 \Rightarrow -2x + 3 - 3 > x - 2 - 3$$
$$\Rightarrow -2x > x - 5 \Rightarrow -2x - x > x - 5 - x$$
$$\Rightarrow -3x > -5 \Rightarrow -3x \times \left(-\frac{1}{3}\right) < (-5) \times \left(-\frac{1}{3}\right)$$
$$\Rightarrow x < \frac{5}{3}$$

2차 이상의 부등식

$xy > 0$을 풀어보자.

1. **양변에 같은 수를 곱하기**

    $y \neq 0$이라는 가정하에, $xy > 0$의 양변에 $\frac{1}{y}$을 곱해보자. $\frac{1}{y}$의 부호에 따라 부등식의 방향이 달라질 것이다. 그리고 $y = 0$이라면 좌변은 0이기 때문에 $(x \cdot 0 = 0)$, 부등식을 만족할 수 없다.

    $$xy > 0 \Rightarrow \begin{cases} y > 0, \ x > 0 \\ y < 0, \ x < 0 \end{cases}$$

2. **양변에서 반복되는 요소를 찾기**

    양변에 반복되는 요소를 찾는 방법으로도 $xy > 0$를 풀 수 있다. 간단하게 소개를 하자면, $xy > 0$은 $xy > 0y$로 표현될 수 있고, 양변에 반복되는 y를 제거할 수 있다. 이때 y의 부호가 중요하다. 만약 $y > 0$라면 $x > 0$, $y < 0$라면 $x < 0$이 된다. 만약 $y = 0$이라면 $0 > 0$이 되어 부등식은 성립하지 않는다.

x, y에 별다른 제약이 없을 때, 실수 x, y의 부호는 다음 표의 6가지 조건 중 하나이다. 그리고 그때 xy의 부호 역시 다음의 표에 나와있다. 예를 들어 첫 번째 줄은 x, y가 모두 양수(+)일 때, xy는 양수(+)임을 보여준다.

x	y	xy
+	+	+
+	0	0
+	−	−
0	+	0
0	0	0
0	−	0
−	+	−
−	0	0
−	−	+

역으로 $xy > 0$인 경우는 $x > 0,\ y > 0$와 $x < 0,\ y < 0$ 경우뿐이다. 그렇다면 $xy < 0$일 때, x, y의 부호는 어떻게 되는가? $x > 0,\ y < 0$ 또는 $x < 0,\ y > 0$이다.

미지수가 하나인 2차 부등식의 해법

다음의 부등식을 풀어보자.

$$(x-1)(y-3) > 0$$

앞에서 봤듯이 주어진 부등식의 해는 "$x-1 > 0,\ y-3 > 0$" 또는 "$x-1 < 0,\ y-3 < 0$"가 된다. 따라서 다음의 부등식 역시 쉽게 풀 수 있다.

$$xy - 3x - y + 3 > 0$$

$xy - 3x - y + 3 = (x-1)(y-3) > 0$. **인수분해가 빛을 발휘하는 순간이다.**

$$xy - 2x > y + x - 3$$

복잡해 보이는 이 부등식도 $XY > 0$의 꼴로 만들어보면 쉽게 풀 수 있다. 양변에 $-(y+x-3)$을 한 후, 좌변을 인수분해한다. 그 결과는 $(x-1)(y-3) > 0$이 된다.

부등식 $(x-1)(x-3) > 0$은 어떨까? 앞의 방법을 그대로 적용한다면, 해는 "$x-1 > 0,\ x-3 > 0$" 또는 "$x-1 < 0,\ x-3 < 0$"이 된다. 여기서 "$x-1 > 0, x-3 > 0$"를 주목해보자. $x-3 > 0 (x > 3)$이면 당연히 $x-1 > 0 (x > 1)$이다. 따라서 $x-1 > 0$을 생략할 수 있다. "$x-1 < 0,\ x-3 < 0$"도 마찬가지 방법으로 정리하면, "$x-1 > 0, x-3 > 0$ 또는 $x-1 < 0,\ x-3 < 0$"는 "$x > 3$ 또는 $x < 3$"으로 정리할 수 있다.

$(x-1)(x-3)$의 그래프를 그린다면 좀 더 쉽게 $(x-1)(x-3) > 0$의 해를 구할 수 있다.

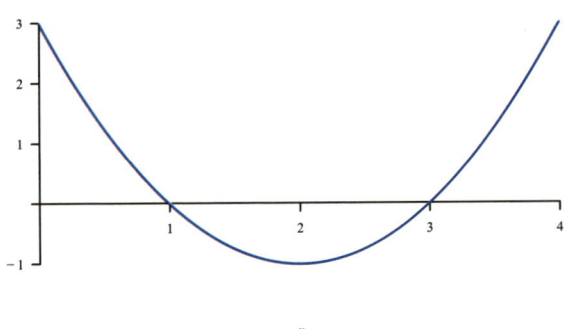

$y = (x-1)(x-3)$의 그래프에서 $y > 0$인 범위는 "$x < 1$ 또는 $x > 3$"이고, $y < 0$인 범위는 $1 < x < 3$이 된다.

산술 평균, 기하 평균 1

두 수 $x, y (x > 0, y > 0)$에 대해, $\frac{x+y}{2}$와 $\sqrt{xy}$를 x, y의 **산술평균**과 **기하평균**이라고 한다. 두 수의 평균은 두 수의 중간 어딘가를 가리킨다. 산술평균, 기하평균에 숨겨진 규칙을 알아보자.

1. $x, \frac{x+y}{2}, y$는 등차수열을 이룬다.

    $\frac{x+y}{2} - x = \frac{y-x}{2}$과 $y - \frac{x+y}{2} = \frac{y-x}{2}$를 보자. $\frac{x+y}{2}$와 x의 차와 y와 $\frac{x+y}{2}$의 차가 같다. 수직선 위에 $x, \frac{x+y}{2}, y$를 표시하면, x에서 $\frac{x+y}{2}$까지 거리와 $\frac{x+y}{2}$에서 y까지 거리는 동일하다. $d = \frac{x+y}{2} - x = \frac{y-x}{2}$로 놓으면, $x, \frac{x+y}{2}, y$는 $x, x+d, x+2d$로 나타낼 수 있다. 다른 방법으로 $\frac{x+y}{2} - d, \frac{x+y}{2}, \frac{x+y}{2} + d$ 혹은 $y - 2d, y - d, y$로 나타낼 수도 있다.

x	$\frac{x+y}{2}$	y
x	$x+d$	$x+2d$
$\frac{x+y}{2} - d$	$\frac{x+y}{2}$	$\frac{x+y}{2} + d$
$y - 2d$	$y - d$	y

2. $x, \sqrt[2]{xy}, y$는 등비수열을 이룬다.

    $\frac{\sqrt[2]{xy}}{x} = \sqrt{\frac{y}{x}}$, $\frac{y}{\sqrt[2]{xy}} = \sqrt{\frac{y}{x}}$로 확인가능하다. 따라서 $r = \sqrt[2]{\frac{y}{x}}$로 놓았을 때, $x, \sqrt[2]{xy}, y$는 x, xr, xr^2로 나타낼 수 있다.

여기서 한 가지 주목할 점은 x, $\dfrac{x+y}{2}$, y가 등차수열을 이룬다는 사실과 x, $\sqrt[3]{xy}$, y가 등비수열을 이룬다는 사실을 한눈에 알아차리기가 쉽지 않다는 점이다. 만약 어떤 세 숫자(혹은 식) a, b, c가 등차수열을 이루고 있는지 확인해 보고 싶다면, 직접 $b-c$, $c-b$를 구해서 $b-a=c-b$가 성립하는지 확인해야 한다. $a, a+d, a+2d$ 정도를 제외하고는 세 식이 등차수열임을 한눈에 알아볼 수 있는 경우는 흔치 않다.

연습 문제

다음 중 등차수열을 이루고 있는 것은? 등비수열을 이루고 있는 것은?

- $a+b$, $\dfrac{a-b}{2}$, $-\dfrac{3b}{2}$
- $a+2b+3c$, $a+b+c$, $a-c$
- a, $\sqrt{ab}$, b^2
- $-b$, $\dfrac{a-b}{2}$, a
- $x+y$, x^2-y^2, $x^3-x^2y-xy^2-y^3$
- $-y$, $\dfrac{x-y}{2}$, x

답) 등차수열, 등차수열, 등비수열, 등차수열, 등비수열, 등차수열

산술 평균, 기하 평균 2

$0 < x < y$라고 할 때, 수직선 위에 x, y의 위치를 표시해보자. 이때 $\frac{x+y}{2}$는 x과 y의 중점이다. $\frac{x+y}{2}$는 x에서 y까지의 거리를 정확히 $1:1$로 나누는 점이 된다.

반면 $\sqrt[2]{xy}$의 위치는 어떻게 될까? x, y를 기준으로 $\sqrt[2]{xy}$의 위치를 확인하기 위해 x에서 $\sqrt[2]{xy}$까지의 거리와 $\sqrt[2]{xy}$에서 y까지의 거리인 $\sqrt[2]{xy}-x$, $y-\sqrt[2]{xy}$를 살펴본다. 이때 $\sqrt[2]{xy}-x = \sqrt{x}(\sqrt{y}-\sqrt{x})$, $y-\sqrt[2]{xy} = \sqrt{y}(\sqrt{y}-\sqrt{x})$ 이므로, 두 거리의 비는 $(\sqrt{xy}-x):(y-\sqrt{xy}) = \sqrt{x}:\sqrt{y}$ 가 된다. $x < y$를 가정했으므로 $\sqrt[2]{xy}$의 위치가 y보다 x에 가깝다는 것을 알 수 있다. $\sqrt[2]{xy}$의 위치가 x와 y에서 동일한 거리에 위치하는 경우는 $\sqrt{x} = \sqrt{y}(x=y)$인 경우 뿐이다.

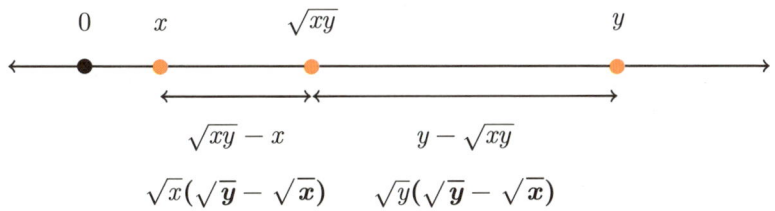

역시 같은 방법이지만, 표기를 약간 달리해서 x, $\sqrt[2]{xy}$, y를 x, xr, $xr^2 \left(r = \sqrt{\frac{y}{x}} \geq 1\right)$로 나타내보자.

$xr - x = x(r-1)$, $xr^2 - xr = xr(r-1)$ 이므로, 두 거리의 비는 $x(r-1) : xr(r-1) = 1 : r$이 된다. 따라서 $\frac{x+y}{2}$는 x, y 사이의 거리를 $1:1$로 나눈 지점이고, $\sqrt[2]{xy}$는 x, y 사이의 거리를 $1:r$로 나눈 지점이다 ($r = \sqrt{\frac{y}{x}} \geq 1$). 그렇다면 왜 $\sqrt[2]{xy} \leq \frac{x+y}{2}$가 성립하는지 직관적으로

이해할 수 있을 것이다. 등호가 성립하게 되는 것은 $r = 1$인 경우이다. 그때 $x = y$가 된다.

정리하자면 $x, \dfrac{x+y}{2}, y$는 $x, x+d, x+2d \left(d = \dfrac{y-x}{2}\right)$ 로 나타낼 수 있고, $x, \sqrt[2]{xy}, y$는 $x, xr, xr^2 \left(r = \sqrt{\dfrac{y}{x}}\right)$ 으로 나타낼 수 있다.

만약 $a=1, d=r=2$일 때, 등차수열 $a, a+d, a+2d, \cdots, a+n \cdot d$와 등비수열 $a, ar, ar^2, \cdots, ar^n$의 진행은 아래 그림과 같다.

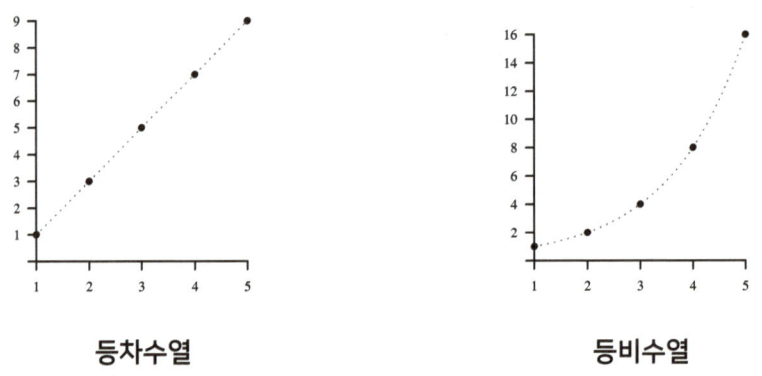

등차수열   등비수열

등차수열은 그래프에서의 변화가 직선 상에서 움직이고, 등비수열은 곡선 위에서 움직인다. 다음 그림에서 등차수열과 등비수열을 나타내는 두 선을 보자. 만약 연속된 세 점에서 처음과 마지막 점을 일치시킨다면, 등비수열의 가운데 점이 등차수열의 가운데 점보다 작기 마련이다!

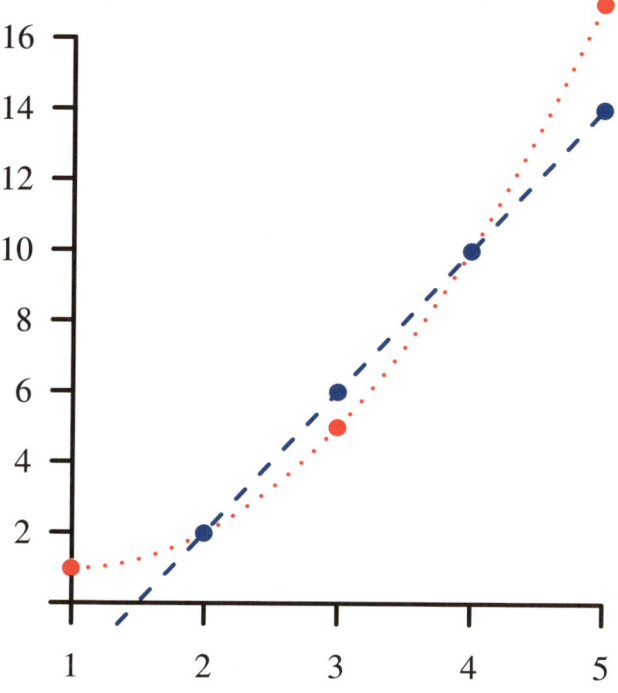

등차수열과 등비수열

에필로그

수학에서 문제풀이는 그림 퍼즐과 같다. 그림 퍼즐을 맞출 때 우리는 먼저 모서리를 찾는다. 왜냐하면 **가장 쉽고, 가장 확실한 부분**이기 때문이다. 이를 기초로 삼아 퍼즐 조각 사이에 존재하는 **공통점**을 찾는다. 색깔이 비슷하거나, 형태가 유사하다면 서로 맞닿는 퍼즐 조각일 가능성이 크다.

수학에서도 문제를 해결하기 위해 반복적인 요소, 공통점을 찾아내고 활용한다. 없다면 만든다. 알고 싶은 바와 이미 아는 바를 연결한다. 직접 연결할 수 없을 때에는 우회로를 활용한다.

이 과정이 다소 낯설고, 이해하기 힘들 수 있다. 하지만 그림 퍼즐을 생각해보자. 퍼즐 조각 하나 하나를 연결하는데 중요한 것은 두 퍼즐이 정확히 연결되는가이다. 그 퍼즐이 전체 그림에서 어떤 부분이고, 무슨 의미인지는 퍼즐이 완성된 후에나 확인할 수 있다. 수학도 마찬가지이다. 우선 연결할 수 있는 부분들을 찾고, 그것들을 계속 연결해 나간다. 이렇게 연결해 나가다 보면 마지막에 큰 그림이 완성되고, 그 의미를 알게 된다. 따라서 수학이 어렵다면 그건 연결 고리를 잘 찾지 못해서일 뿐이다. 수학에서 자주 쓰는 연결 고리를 기억하고, 익숙해진다면, 수학이 점점 더 쉬워질 것이다. 문제를 푸는 것이 어렵지만은 않을 것이다.

하지만 수학은 "주어진" 문제만을 풀지 않는다. 여러 가지 상황에서 영감을 받아 새로운 문제를 생각해 낸다. 그리고 몇몇 수학자들은 수학의 정수는 주어진 문제를 푸는 것이 아니라 새로운 문제를 생각해 내는 것이라고 말한다. 누구도 생각하지 못한 새로운 차원의 문제를 고안해 내고, 그 문제를 풀어낸다! 생각만 해도 멋지지 않은가?

"수학에서는 문제를 푸는 기술보다 내놓는 기술에 더 큰 가치를 매겨야 한다."
- 게오르그 칸토르

수학의 숨은 원리

수학, 언제까지 암기할 것인가?

1판 2쇄	2022년 2월 1일
지은이	김권현, 곽문영, 이창석
발행인	편기옥
발행처	숨은원리 books.sumeun.org
주소	서울특별시 구로구 도림로 103-608
팩스	0504-063-9135
출판등록	2014년 8월 7일
이메일	sumeunpublishing@gmail.com
ISBN	979-11-960144-07